一般計量士・環境計量士

# 国家試験問題　解答と解説

## 3. 法規・管理（計量関係法規／計量管理概論）

（第71回～第73回）

一般社団法人　日本計量振興協会 編

コ　ロ　ナ　社

# 計量士をめざす方々へ

（序にかえて）

近年，社会情勢や経済事情の変革にともなって産業技術の高度化が急速に進展し，有能な計量士の有資格者を求める企業が多くなっております。

しかし，計量士の国家試験はたいへんむずかしく，なかなか合格できないと嘆いている方が多いようです。

本書は，計量士の資格を取得しようとする方々のために，最も能率的な勉強ができるよう，この国家試験に精通した専門家の方々に執筆をお願いして編集しました。

内容として，専門科目あるいは共通科目ごとにまとめてありますので，どの分野からどんな問題が何問ぐらい出ているかを研究してみてください。そして，本書に沿って，問題を解いてみてはいかがでしょう。何回か繰り返し演習を行うことにより，かなり実力がつくといわれています。

もちろん，この解説だけでは納得がいかない場合もあるかもしれません。そのときは適切な参考書を求めて，その部分を勉強してください。

そして，実際の試験場では，どの問題が得意な分野なのか，本書によって見当がつくわけですから，その得意なところから始めると良いでしょう。なお，解答時間は，1問当り3分たらずであることに注意してください。

さあ，本書なら，どこでも勉強できます。本書を友として，ぜひとも合格の栄冠を勝ち取ってください。

2023年9月

一般社団法人 日本計量振興協会

# 目　　次

## 1. 計量関係法規 法 規



## 2. 計量管理概論 管 理



本書は，第 71 回（令和 2 年 12 月実施）～第 73 回（令和 4 年 12 月実施）の問題をそのまま収録し，その問題に解説を施したもので，当時の法律に基づいて編集されております。したがいまして，その後の法律改正での変更（例えば，省庁などの呼称変更，法律の条文・政省令などの変更）には対応しておりませんのでご了承下さい。

# 1. 計量関係法規

## 法　規

### 1.1　第 71 回（令和 2 年 12 月実施）

**問 1**

計量法の目的及び定義に関する次の記述の中から，誤っているものを一つ選べ。

**1**　計量法において，「計量単位」とは，計量の基準となるものをいう。

**2**　計量法において，計量器の製造には，改造は含まれない。

**3**　計量法において，「計量器」とは，計量をするための器具，機械又は装置をいう。

**4**　計量法は，計量の基準を定め，適正な計量の実施を確保し，もって経済の発展及び文化の向上に寄与することを目的とする。

**5**　体積，時間，粘度は計量法第 2 条第 1 項第 1 号の「物象の状態の量」に含まれる。

---

**題意**　計量法（以下「法」という。）第 1 条（目的）および第 2 条（定義等）各項の規定に関わる記述について，正誤を問うものである。（誤っているものを選ぶ。）

**解説**　**1**：「計量単位」の定義についての記述である。法第 2 条第 1 項の柱書きの規定から，記述は正しい。

**3**：「計量器」の定義についての記述である。法第 2 条第 4 項の規定から，記述は正しい。

**4**：法の「目的」についての記述である。法第 1 条の規定から，記述は正しい。

**5**：「物象の状態の量」についての記述である。法第 2 条第 1 項の柱書きおよび同条同項第一号の規定から，記述は正しい。なお，物象の状態の量は，同条同項第一号で 72

の量，同条同項第二号の政令（計量単位令第1条）で17の量が定められている。

**2**：「計量器の製造」についての記述である。法第2条第5項で，「この法律において計量器の製造には，経済産業省令で定める改造を含むものとし，計量器の修理には，当該経済産業省令で定める改造以外の改造を含むものとする。」と定められている。よって，「計量法において，計量器の製造には，改造は含まれない。」とある記述は，誤りである。

**【正　解】** **2**

### 問 **2**

計量法第2条第2項に規定する取引及び証明の定義に関する次の記述の（ア）～（ウ）に入る語句の組合せとして，正しいものを一つ選べ。

「取引」とは，有償であると無償であるとを問わず，物又は（　ア　）の給付を目的とする業務上の行為をいい，「証明」とは，（　イ　）に又は業務上他人に一定の事実が真実である旨を（　ウ　）することをいう。

| | （ア） | （イ） | （ウ） |
|---|---|---|---|
| **1** | 財 | 公 | 公表 |
| **2** | 役務 | 取引相手 | 公表 |
| **3** | 財 | 取引相手 | 公表 |
| **4** | 役務 | 公 | 表明 |
| **5** | 財 | 取引相手 | 表明 |

**【題　意】** 法第2条第2項に規定する「取引」および「証明」の定義に関する条文の語句の穴埋めの問題である。

**【解　説】** 「取引」および「証明」の定義は，法第2条第2項でつぎのとおり規定されている。

第2条　…略…

2　この法律において「取引」とは，有償であると無償であるとを問わず，物又は役務の給付を目的とする業務上の行為をいい，「証明」とは，公に又は業務上他人に一定の事実が真実である旨を表明することをいう。

よって，（ア）に入る語句は「役務」，（イ）に入る語句は「公」，（ウ）に入る語句は「表明」であり，**4** の語句の組合せが正しい。

**【正 解】 4**

---

**問 3**

国際単位系に係る計量単位として計量法第3条に規定され，同法別表第1に掲げられている物象の状態の量と計量単位との組合せとして，誤っているものを一つ選べ。

| | （物象の状態の量） | （計量単位） |
|---|---|---|
| **1** | 密度 | モル毎立方メートル　キログラム毎立方メートル |
| **2** | 質量 | キログラム　グラム　トン |
| **3** | 光束 | ルーメン |
| **4** | 温度 | ケルビン　セルシウス度又は度 |
| **5** | 圧力 | パスカル又はニュートン毎平方メートル　バール |

---

**【題 意】** 法第3条（国際単位系に係る計量単位）別表第1に掲げられている「物象の状態の量」と「計量単位」の組合せについて，正誤を問うものである。（誤っているものを選ぶ。）

**【解 説】** **2**：「質量」と「キログラム，グラム，トン」の組合せは，別表第1に掲げられており，正しい。

**3**：「光束」と「ルーメン」の組合せは，別表第1に掲げられており，正しい。

**4**：「温度」と「ケルビン，セルシウス度又は度」の組合せは，別表第1に掲げられており，正しい。

**5**：「圧力」と「パスカル又はニュートン毎平方メートル，バール」の組合せは，別表第1に掲げられており，正しい。

**1**：物象の状態の量の「密度」の計量単位は，別表第1で「キログラム毎立方メートル，グラム毎立方メートル，グラム毎リットル」と掲げられており，「モル毎立方メートル，キログラム毎立方メートル」とあるのは，誤りである。

なお，「モル毎立方メートル」は，濃度の計量単位の一つである。

**正解** 1

**問 4**

計量法第 9 条に規定する非法定計量単位による目盛等を付した計量器に関する次の記述の（ア）～（ウ）に入る語句の組合せとして，正しいものを一つ選べ。

第 9 条　第 2 条第 1 項第 1 号に掲げる物象の状態の量の計量に使用する計量器であって非法定計量単位による（　ア　）を付したものは，販売し，又は販売の目的で（　イ　）してはならない。第 5 条第 2 項の政令で定める計量単位による（　ア　）を付した計量器であって，専ら同項の政令で定める特殊の計量に使用するものとして経済産業省令で定めるもの以外のものについても，同様とする。

2　前項の規定は，（　ウ　）すべき計量器その他の政令で定める計量器については，適用しない。

| | （ア） | （イ） | （ウ） |
|---|---|---|---|
| **1** | 目盛又は表記 | 所持 | 輸出 |
| **2** | 目盛及び記号 | 陳列 | 輸入 |
| **3** | 目盛及び記号 | 製造 | 輸出 |
| **4** | 目盛又は表記 | 所持 | 輸入 |
| **5** | 目盛又は表記 | 陳列 | 輸出 |

**題意**　法第 9 条第 1 項および第 2 項に規定する「非法定計量単位による目盛等を付した計量器」に関する条文の語句の穴埋めの問題である。

**解説**　「非法定計量単位による目盛等を付した計量器」に関しては，法第 9 条第 1 項および第 2 項でつぎのとおり規定されている。

第 9 条　第 2 条第 1 項第一号に掲げる物象の状態の量の計量に使用する計量器であって非法定計量単位による目盛又は表記を付したものは，販売し，又は販売の目的で陳列してはならない。第 5 条第 2 項の政令で定める計量単位による目盛又は表記を付した計量器であって，専ら同項の政令で定める特殊の計量に使用するものとして経済産業省令で定めるもの以外のものについても，同様とする。

2　前項の規定は，輸出すべき計量器その他の政令で定める計量器については，適用しない。

よって，（ア）に入る語句は「目盛又は表記」，（イ）に入る語句は「陳列」，（ウ）に入る語句は「輸出」であり，**5** の語句の組合せが正しい。

**正解**　**5**

---

## 問 5

計量法第12条第1項に規定する次の記述の（ア）～（ウ）に入る語句の組合せとして，正しいものを一つ選べ。

第12条　政令で定める商品（以下「特定商品」という。）の（　ア　）の事業を行う者は，特定商品をその特定物象量（特定商品ごとに政令で定める物象の状態の量をいう。以下同じ。）を（　イ　）により示して販売するときは，政令で定める誤差（以下「量目公差」という。）を超えないように，その特定物象量の（　ウ　）をしなければならない。

| | （ア） | （イ） | （ウ） |
|---|---|---|---|
| **1** | 製造 | 法定計量単位 | 計量 |
| **2** | 製造 | 計量単位 | 計測 |
| **3** | 販売 | 法定計量単位 | 計測 |
| **4** | 販売 | 計量単位 | 計量 |
| **5** | 販売 | 法定計量単位 | 計量 |

---

**題意**　法第12条第1項に規定する特定商品，特定物象量および量目公差に関する条文の語句の穴埋めの問題である。

**解説**　特定商品，特定物象量および量目公差に関しては，法第12条第1項でつぎのとおり規定されている。

第12条　政令で定める商品（以下「特定商品」という。）の販売の事業を行う者は，特定商品をその特定物象量（特定商品ごとに政令で定める物象の状態の量をいう。以下同じ。）を法定計量単位により示して販売するときは，政令で定める誤差（以下「量目公差」という。）を超えないように，その特定物象量の計量をしなければならない。

2　…（以下略）

よって，（ア）に入る語句は「販売」，（イ）に入る語句は「法定計量単位」，（ウ）に入る語句は「計量」であり，**5** の語句の組合せが正しい。

**正解** **5**

## 問 6

次に示す計量法第 12 条第 1 項の政令で定める商品（特定商品）と，その特定物象量（特定商品ごとに政令で定める物象の状態の量）の組合せとして，誤っているものを一つ選べ。

| | （特定商品） | （特定物象量） |
|---|---|---|
| **1** | 牛乳（脱脂乳を除く。） | 質量又は体積 |
| **2** | ソース | 質量又は体積 |
| **3** | アルコールを含む飲料（医薬用のものを除く。） | 体積 |
| **4** | 潤滑油 | 質量又は体積 |
| **5** | 灯油 | 体積 |

**題意** 法第 12 条第 1 項の政令で定める商品（特定商品）と，その特定物象量（特定商品ごとに政令で定める物象の状態の量）の組合せについて，正誤を問うものである。（誤っているものを選ぶ。）

**解説** 特定商品と特定物象量は，特定商品の販売に係る計量に関する政令の別表第 1 に定められている。

**1**：「牛乳（脱脂乳を除く。）」と「質量又は体積」の組合せは，同別表 1 第十五号の（二）に定められている。

**2**：「ソース」と「質量又は体積」の組合せは，同別表 1 第十九号に定められている。

**3**：「アルコールを含む飲料（医薬用のものを除く。）」と「体積」の組合せは，同別表 1 第二十三号の（二）に定められている。

**5**：「灯油」と「体積」の組合せは，同別表 1 第二十五号に定められている。

**4**：「潤滑油」の特定物象量は，同別表 1 第二十六号で「体積」と定められている。よって，「質量又は体積」とあるのは，誤りである。

**正解**　**4**

## 問 7

計量器等の使用に関する次の記述の中から，正しいものを一つ選べ。

**1**　ノギスは特定計量器ではないため，取引又は証明における法定計量単位による計量に使用することはできない。

**2**　計量法第 16 条第 1 項第 3 号に規定する検定証印等が付されていない特定計量器（車両等装置用計量器を除く。）であっても，取引又は証明における法定計量単位による計量に使用してよい場合がある。

**3**　液化石油ガスメーターは，計量法第 18 条の政令で定めるところにより使用する場合でなければ，取引又は証明における法定計量単位による計量に使用してはならない。

**4**　検定証印等が付されている全ての特定計量器は，取引又は証明における法定計量単位による計量に使用してよい。

**5**　特殊容器については，全て，計量法第 17 条第 1 項の政令で定める商品を同項の経済産業省令で定める高さまで満たして，体積を法定計量単位により示して販売する場合には，同法第 16 条第 1 項の規定は適用されないことから，取引又は証明における法定計量単位による計量に使用することができる。

**題意**　計量器等の使用（法第 16 条（使用の制限），第 17 条（特殊容器の使用）および第 18 条（使用方法の制限））に関する記述について，正誤を問うものである。（正しいものを選ぶ。）

**解説**　**1**：ノギスは計量器であるが，法第 2 条第 4 項の政令（法施行令第 2 条）で定める計量器（特定計量器）ではない。また計量器は，法第 16 条第 1 項の柱書きおよび同条同項第一号の規定から，取引または証明における法定計量単位による計量に使用し，または使用に供するために所持することができる。よって，「ノギスは特定計量器ではないため，取引又は証明における法定計量単位による計量に使用することはできない。」とある記述は，誤りである。

**3**：液化石油ガスメーターは，法第 18 条の使用方法等の制限に係る特定計量器として政令（法施行令第 9 条別表第 2）で定められていない。よって，「液化石油ガスメーターは，計量法第 18 条の政令で定めるところにより使用する場合でなければ，取引又は証明における法定計量単位による計量に使用してはならない。」とある記述は，誤りである。

**4**：検定証印等が付されている特定計量器であっても，法第 72 条第 2 項の政令（法施行令第 18 条別表第 3）で定める特定計量器であって検定証印等の有効期間を経過したものは，法第 16 条第 1 項の柱書きおよび同条同項第三号の規定により，取引または証明における法定計量単位による計量に使用し，または使用に供するために所持することができない。よって，「検定証印等が付されている全ての特定計量器は，取引又は証明における法定計量単位による計量に使用してよい。」とある記述は，誤りである。

**5**：経済産業大臣が指定した者が製造した経済産業省令で定める型式に属する特殊容器（透明または半透明の容器であって経済産業省令で定めるもの。）であって，法第 63 条第 1 項の表示が付されているものに，政令で定める商品を経済産業省令で定める高さまで満たして，体積を法定計量単位により示して販売する場合におけるその特殊容器については，第 16 条第 1 項の規定（使用の制限）は適用されない。

よって，「特殊容器については，全て，計量法第 17 条第 1 項の政令で定める商品を同項の経済産業省令で定める高さまで満たして，体積を法定計量単位により示して販売する場合には，同法第 16 条第 1 項の規定は適用されないことから，取引又は証明における法定計量単位による計量に使用することができる。」とある記述は，誤りである。

**2**：法第 16 条第 1 項の柱書き，同条同項第二号イおよびロ，並びに同条同項第三号により，「特定計量器（政令で定める特定計量器を除く。）であって検定証印等が付されていないもの，また，検定証印等の有効期間が定められている特定計量器であって検定証印等の有効期間を経過したものは，取引又は証明における法定計量単位による計量に使用し，又は使用に供するために所持してはならない。」と定められている。しかし，平成 29 年 10 月 1 日施行の政令改正で新たに特定計量器に追加された自動はかり（自動捕捉式はかり，ホッパースケール，充塡用自動はかりおよびコンベヤスケール）については，法施行令附則第 2 条第 1 項および第 2 項（特定計量器の使用に関する経過措置）で，「定められた日前までは，「検定証印等」が付されていないものを取引又は証明における法定計量単位による計量に使用し，又は使用に供するために所持することができる。」という経過措置がとられている。よって，**2**の記述は正しい。

**正解**　**2**

**問 8**

計量法第19条の定期検査の対象となる特定計量器に該当しないものの組合せを一つ選べ。

ア　非自動はかり

イ　自動はかり

ウ　分銅及びおもり

エ　アネロイド型血圧計

**1**　ア，イ

**2**　ア，ウ

**3**　ア，エ

**4**　イ，ウ

**5**　イ，エ

**題意**　法第19条第1項の定期検査の対象となる特定計量器と，定期検査の対象に該当しない特定計量器についての理解度を問うものである。（該当しないものの組合せを選ぶ。）

**解説**　定期検査の対象となる特定計量器は，法施行令第10条第1項第一号および第二号でつぎのとおり定められている。

第10条　法第19条第1項の政令で定める特定計量器は，次のとおりとする。

一　非自動はかり（第5条第一号又は第二号に掲げるものを除く。以下同じ。），分銅及びおもり

二　皮革面積計

よって，定期検査の対象に該当しない特定計量器は，イの「自動はかり」，エの「アネロイド型血圧計」であり，**5**の組合せが正しい。

**正解**　**5**

**問 9**

指定定期検査機関に関する次の記述の中から，誤っているものを一つ選べ。

**1**　指定定期検査機関の指定は，3年を下らない政令で定める期間ごとにその更新を受けなければ，その期間の経過によって，その効力を失う。

**2**　指定定期検査機関は，経済産業省令で定めるところにより，品質管理に関する規程を定め，都道府県知事又は特定市町村の長の認可を受けなければならない。

**3**　指定定期検査機関は，経済産業省令で定めるところにより，帳簿を備え，定期検査に関し経済産業省令で定める事項を記載し，これを保存しなければならない。

**4**　指定定期検査機関は，検査業務の全部又は一部を休止し，又は廃止しようとするときは，経済産業省令で定めるところにより，あらかじめ，その旨を都道府県知事又は特定市町村の長に届け出なければならない。

**5**　指定定期検査機関は，毎事業年度開始前に，その事業年度の事業計画及び収支予算を作成し，都道府県知事又は特定市町村の長に提出しなければならない。

**題意**　指定定期検査機関（法第26条～第39条）に関する記述について，正誤を問うものである。（誤っているものを選ぶ。）

**解説**　**1**：指定の更新についての記述である。法第28条の2の規定から，記述は正しい。

**3**：帳簿の記載についての記述である。法第31条の規定から，記述は正しい。

**4**：業務の休廃止についての記述である。法第32条の規定から，記述は正しい。

**5**：事業計画等についての記述である。法第33条第1項の規定から，記述は正しい。

**2**：法第30条第1項で，「指定定期検査機関は，検査業務に関する規程（以下，「業務規程」という。）を定め，都道府県知事又は特定市町村の長の認可を受けなければならない。これを変更するときも，同様とする。」と定められている。よって，「指定定期検査機関は，経済産業省令で定めるところにより，品質管理に関する規程を定め，都道府県知事又は特定市町村の長の認可を受けなければならない。」とある記述は，誤りである。

**正解**　**2**

## 問 10

特定計量器の製造又は修理に関する次の記述の中から，正しいものを一つ選べ。

**1**　自己が取引又は証明における計量以外にのみ使用する特定計量器の製造の事業を行おうとする者は，計量法第 40 条第 1 項の規定に基づき事業の届出をしなければならない。

**2**　届出製造事業者は，特定計量器を製造したときは，経済産業省令で定める基準に従って，当該特定計量器の検査を行わなければならない。ただし，計量法第 16 条第 1 項第 2 号ロの指定を受けた者（指定製造事業者）が同法第 95 条第 2 項の規定により検査を行う場合は，この限りでない。

**3**　届出製造事業者は，その届出に係る事業を廃止しようとするときは，経済産業省令で定めるところにより，あらかじめ，その旨を経済産業大臣に届け出なければならない。

**4**　届出製造事業者が，計量法第 40 条第 1 項の規定による届出に係る特定計量器の修理の事業を行おうとする場合は，その修理の事業の届出をしなければならない。

**5**　電気計器以外の特定計量器の修理の事業を行おうとする者は，あらかじめ，当該特定計量器の修理をしようとする事業所の所在地を管轄する都道府県知事を経由して，経済産業大臣に届け出なければならない。

---

**題意**　特定計量器の製造および修理に関する記述について，正誤を問うものである。（正しいものを選ぶ。）

**解説**　**1**：特定計量器の製造の事業の届出については，法第 40 条第 1 項の柱書きで，「特定計量器の製造の事業を行おうとする者（自己が取引又は証明における計量以外にのみ使用する特定計量器の製造の事業を行う者を除く。）は，…（以下略）」と定められている。よって，「自己が取引又は証明における計量以外にのみ使用する特定計量器の製造の事業を行おうとする者は，計量法第 40 条第 1 項の規定に基づき事業の届出をしなければならない。」とある記述は，誤りである。

**3**：届出に係る事業の廃止の届出については，法第 45 条第 1 項で「届出製造事業者は，その届出に係る事業を廃止したときは，遅滞なく，その旨を経済産業大臣に届け出なければならない。」と定められている。よって，「届出製造事業者は，その届出に係る事業を廃止しようとするときは，経済産業省令で定めるところにより，あらかじめ，その旨を経済産業大臣に届け出なければならない。」とある記述は，誤りである。

**4**：届出製造事業者が，届出に係る特定計量器の修理の事業を行おうとする場合は，法第 46 条第 1 項の柱書きのただし書きで，「ただし，届出製造事業者が第 40 条第 1 項の規定による届出に係る特定計量器の修理の事業を行おうとするときは，この限りでない。」と定められている。よって，「届出製造事業者が，計量法第 40 条第 1 項の規定による届出に係る特定計量器の修理の事業を行おうとする場合は，その修理の事業の届出をしなければならない。」とある記述は，誤りである。

**5**：電気計器以外の特定計量器の修理の事業を行おうとする者は，法第 46 条第 1 項の柱書きで，「（前略）…電気計器に係る場合にあっては経済産業大臣に，その他の特定計量器に係る場合にあっては当該特定計量器の修理をしようとする事業所の所在地を管轄する都道府県知事に届け出なければならない。…（以下略）」と定められている。よって，「電気計器以外の特定計量器の修理の事業を行おうとする者は，あらかじめ，当該特定計量器の修理をしようとする事業所の所在地を管轄する都道府県知事を経由して，経済産業大臣に届け出なければならない。」とある記述は，誤りである。

**2**：特定計量器を製造したときの検査義務についての記述である。法第 43 条の規定から，記述は正しい。

【正 解】 **2**

## 問 11

計量法第 57 条の規定により譲渡等が制限されている特定計量器の組合せとして，正しいものを一つ選べ。

ア　密度浮ひょう

イ　ガラス製体温計

ウ　抵抗体温計

エ　アネロイド型血圧計

オ　照度計

**1**　ア，イ，ウ

**2**　ウ，エ，オ

**3**　イ，ウ，エ

**4**　ア，エ，オ

**5**　ア，イ，オ

---

【題意】 法第57条第1項で定められている譲渡等の制限の対象である特定計量器について，理解度を問うものである。（対象である特定計量器の組合せとして正しいものを選ぶ。）

【解説】 譲渡等の制限については，法第57条でつぎのとおり規定されている。

第57条　体温計その他の政令で定める特定計量器の製造，修理又は輸入の事業を行う者は，検定証印等…（中略）…が付されているものでなければ，当該特定計量器を譲渡し，貸し渡し，又は修理を委託した者に引き渡してはならない。ただし，輸出のため当該特定計量器を譲渡し，貸し渡し，又は引き渡す場合において，あらかじめ，都道府県知事に届け出たときは，この限りでない。

2　…略…

また，対象である特定計量器は，法施行令第15条でつぎのとおり規定されている。

第15条　法第57条第1項の政令で定める特定計量器は，次のとおりとする。

一　ガラス製体温計

二　抵抗体温計

三　アネロイド型血圧計

よって，譲渡等が制限されている特定計量器は，イの「ガラス製体温計」，ウの「抵抗体温計」，エの「アネロイド型血圧計」であり，**3**の組合せが正しい。

【正解】 **3**

問 12

計量法第 70 条の規定により，特定計量器について同法第 16 条第 1 項第 2 号イの検定を受けようとする者は政令に定める区分に従い，申請書を提出しなければならないが，当該申請書の提出先として誤っているものを，次の中から一つ選べ。

**1**　経済産業大臣

**2**　都道府県知事

**3**　特定市町村の長

**4**　日本電気計器検定所

**5**　指定検定機関

【題 意】　法第 70 条の規定により，検定を受けようとする者が提出しなければならない申請書の提出先についての理解度を問うものである。（誤っているものを選ぶ。）

【解 説】　検定の申請書の提出先は，法第 70 条でつぎのとおり規定されている。

第 70 条　特定計量器について第 16 条第 1 項第二号イの検定（以下単に「検定」という。）を受けようとする者は，政令で定める区分に従い，経済産業大臣，都道府県知事，日本電気計器検定所又は指定検定機関に申請書を提出しなければならない。

よって，**3** の「特定市町村の長」が誤りである。

なお，法施行令第 17 条の別表第 4 で，特定計量器ごとの提出先，また，型式の承認に係る表示が付されたもの，型式承認の係る表示が付されていないもの，についての提出先が定められている。

【正 解】　**3**

問 13

特定計量器の型式の承認に関する次の記述の中から，誤っているものを一つ選べ。

**1**　届出製造事業者は，計量法第 76 条第 1 項の承認を受けようとする型式の特定計量器について，当該特定計量器の検定を行う指定検定機関の行う試験を受けることができる。

**2**　承認製造事業者は，その承認に係る型式に属する特定計量器を製造する工場又は事業場の名称に変更があったときは，遅滞なく，その旨を経済産業大臣（計量法第 168 条の 2 の規定により，国立研究開発法人産業技術総合研究所）又は日本電気計器検定所に届け出なければならない。

**3**　承認外国製造事業者は，その承認に係る型式に属する特定計量器で本邦に輸出されるものを製造するときは，当該特定計量器が製造技術基準に適合するようにしなければならない。

**4**　届出製造事業者は，その製造する特定計量器の型式について，政令で定める区分に従い，経済産業大臣（計量法第 168 条の 2 の規定により，国立研究開発法人産業技術総合研究所）又は日本電気計器検定所の承認を受けることができる。

**5**　承認輸入事業者は，その承認に係る型式に属する特定計量器を販売するときは，必ず製造技術基準に適合するものを販売しなければならない。

---

**題 意**　特定計量器の型式の承認に関する記述について，正誤を問うものである。（誤っているものを選ぶ。）

**解 説**　**1**：指定検定機関の試験についての記述である。法第 78 条第 1 項の規定から，記述は正しい。なお，型式の承認の申請にあたっては，試験用の特定計量器および構造図その他の書類を添えることになっており，その構造（性能および材料の性質を含む。）が経済産業省令で定める基準に適合するかどうかの試験が行われる。この試験について，当該特定計量器の検定を行う指定検定機関の試験を受けることができる。

**2**：承認製造事業者の工場または事業場の名称変更についての記述である。法第 79 条第 1 項，法第 76 条第 2 項第三号の規定から，記述は正しい。

**3**：承認外国製造事業者の製造技術基準適合についての記述である。法第 89 条第 2 項の規定から，記述は正しい。

**4**：届出製造事業者に係る型式の承認についての記述である。法第 76 条第 1 項の規定から，記述は正しい。

**5**：承認輸入事業者に係る基準適合義務については，法第 82 条で「承認輸入事業者は，その承認に係る型式に属する特定計量器を販売するときは，製造技術基準に適合するものを販売しなければならない。ただし，輸出のため，当該特定計量器を販売する場合において，あらかじめ，都道府県知事に届け出たときは，この限りでない。」と定められている。よって，「承認輸入事業者は，その承認に係る型式に属する特定計量器を販売するときは，必ず製造技術基準に適合するものを販売しなければならない。」とある記述は，誤りである。

**正 解**　**5**

## 問 14

指定製造事業者に関する次の記述の中から，正しいものを一つ選べ。

**1**　指定製造事業者は，計量法第 76 条第 1 項の承認に係る型式に属する特定計量器を製造した場合，経済産業省令で定める技術上の基準に適合しているときは，校正証明書を交付することができる。

**2**　指定製造事業者は，指定の申請書に記載した計量法第 40 条第 1 項の経済産業省令で定める事業の区分を変更しようとするときは，あらかじめ，その旨を経済産業大臣に届け出なければならない。

**3**　指定製造事業者の指定は，届出製造事業者又は外国製造事業者の申請により，経済産業省令で定める事業の区分に従い，その工場又は事業場を管轄する都道府県知事が行う。

**4**　計量法に違反し，罰金の刑に処せられ，その執行を終えた日から 1 年を経過した者は，指定製造事業者の指定を受けることができる。

**5**　指定製造事業者の指定を受けようとする届出製造事業者は，その指定の申請に係る工場又は事業場における品質管理の方法について，当該特定計量器の検定を行う指定検定機関の行う調査を受けることができる。

---

**題 意**　指定製造事業者に関する記述について，正誤を問うものである。（正しいものを選ぶ。）

**解 説**　**1**　法第 96 条第 1 項で「指定製造事業者は，その指定に係る工場又は事業場において，第 76 条第 1 項の承認に係る型式に属する特定計量器…（中略）…を製造したときは，経済産業省令で定めるところにより，これに表示を付することができる。」と定められている。表示とは，基準適合証印のことである。よって，「指定製造事業者は，…（中略）…製造した場合，経済産業省令で定める技術上の基準に適合しているときは，校正証明書を交付することができる。」とある記述は，誤りである。

なお，法第 95 条第 1 項および第 2 項により，指定製造事業者は，その指定に係る工場または事業場において，第 76 条第 1 項の承認に係る型式に属する特定計量器を製造するときは，基準適合義務等が課せられている。

**2**：指定製造事業者は，法第 16 条第 1 項第二号ロの指定を受けた届出製造事業者のことである。法第 40 条第 1 項の柱書きで「特定計量器の製造の事業を行おうとする者…（中略）…は，経済産業省令で定める事業の区分…（中略）…に従い，あらかじめ，次の事項を経済産業大臣に届け出なければならない。」と定められている。事業の区分は，法施行規則第 5 条の別表第 1 に掲げられている。この事業の区分を変更しようとするとき（即ち異なる事業区分の特定計量器を製造しようとするとき。）は，新たに当該事業区分の特定計量器を製造する旨の届け出をしなければならない。よって，「指定製造事業者は，指定の申請書に記載した計量法第 40 条第 1 項の経済産業省令で定める事業の区分を変更しようとするときは，あらかじめ，その旨を経済産業大臣に届け出なければならない。」とある記述は，誤りである。

第 94 条第 1 項で「第 16 条第 1 項第二号ロの指定を受けた届出製造事業者（以下「指定製造事業者」という。）は，第 91 条第 1 項第五号の事項に変更があったときは，遅滞なく，その旨を経済産業大臣に届け出なければならない。」と定められている。第 91 条第 1 項第五号の事項は，品質管理の方法に関する事項（経済産業省令で定めるものに限る。）である。

**3**：指定製造事業者の指定については，法第 90 条で「第 16 条第 1 項第二号ロの指定は，…（中略）…その工場又は事業場ごとに行う。」と定められており，第 16 条第 1 項第二号ロで「経済産業大臣が指定した者が製造した特定計量器であって，…（以下略）」と定められている。よって，「指定製造事業者の指定は，…（中略）…その工場又は事業場を管轄する都道府県知事が行う。」とある記述は，誤りである。

**4**：指定製造事業者の指定の基準として，法第 92 条第 1 項の柱書きで「次の各号の一に該当する届出製造事業者は，…（中略）…指定を受けることができない。」，同条同項第一号で「この法律又はこの法律に基づく命令の規定に違反し，罰金以上の刑に処せられ，その執行を終わり，又は執行を受けることがなくなった日から2年を経過しない者」と定められている。よって，「計量法に違反し，罰金の刑に処せられ，その執行を終えた日から1年を経過した者は，指定製造事業者の指定を受けることができる。」とある記述は，誤りである。

**5**：品質管理の方法に関する事項の指定検定機関の調査についての記述である。法第93条第1項の規定から，記述は正しい。なお，法第91条第2項で，品質管理の方法については，「政令で定める区分に従い，都道府県知事又は日本電気計器検定所が行う検査を受けなければならない。」と定められている。この検査に代えて，当該特定計量器の検定を行う指定検定機関の行う調査を受けることができる，というものである。

**正解**　**5**

## 問 15

基準器検査に関する次の記述の中から，誤っているものを一つ選べ。

**1**　基準器を譲渡するときは，基準器検査成績書をともにしなければならない。

**2**　基準器検査の合格条件は，その構造が経済産業省令で定める技術上の基準に適合すること，のみである。

**3**　基準器検査に合格した計量器には，経済産業省令で定めるところにより，基準器検査証印を付する。

**4**　基準器検査を受けることができる者は，経済産業省令で定められている。

**5**　基準器検査証印の有効期間は，計量器が基準器検査に合格したときに交付される基準器検査成績書に記載される。

**題意**　基準器検査に関する記述について，正誤を問うものである。（誤っているものを選ぶ。）

**解説**　**1**：基準器の譲渡についての記述である。法第105条第4項の規定から，記述は正しい。

**3**：基準器検査に合格した計量器についての記述である。法第104条第1項の規定から，記述は正しい。

**4**：基準器検査を受けることができる者についての記述である。法第102条第2項の規定から，記述は正しい。

**5**：基準器検査証印の有効期間についての記述である。法第104条第2項および第105条第1項の規定から，記述は正しい。

**2**：基準器検査の合格条件は，法第103条第1項でつぎのとおり規定されている。

第103条　基準器検査を行った計量器が次の各号に適合するときは，合格とする。

一　その構造が経済産業省令で定める技術上の基準に適合すること。

二　その器差が経済産業省令で定める基準に適合すること。

よって，「基準器検査の合格条件は，その構造が経済産業省令で定める技術上の基準に適合すること，のみである。」とある記述は，誤りである。

【正解】 **2**

## 問 16

計量証明の事業に関する次の記述の中から，誤っているものを一つ選べ。

**1**　国が，大気，水又は土壌中の物質の濃度の計量証明の事業を行う場合は，その事業所の所在地を管轄する都道府県知事の登録を受けなくてもよい。

**2**　計量法第109条に規定する計量証明の事業の登録の基準の一つとして，事業の区分に応じて経済産業省令で定める計量士又は経済産業省令で定める条件に適合する知識経験を有する者が当該事業に係る計量管理を行い，その数が経済産業省令で定める数以上であること，がある。

**3**　計量証明事業者は，その計量証明の事業について計量証明を行ったときは，経済産業省令で定める事項を記載し，経済産業省令で定める標章を付した証明書を交付することができる。

**4**　都道府県知事は，計量証明事業者が計量証明に使用する特定計量器その他の器具，機械又は装置が経済産業省令で定める基準に適合しなくなったと認めるときは，その計量証明事業者に対し，これらの規定に適合するために必要な措置をとるべきことを命ずることができる。

**5**　計量証明事業者がその登録に係る事業を廃止したとき，又はその登録をした都道府県知事の管轄区域外に事業所を移転したときは，その登録は効力を失う。

---

【題 意】 計量証明の事業に関する記述について，正誤を問うものである。（誤っているものを選ぶ。）

【解 説】 **1**：計量証明事業の登録を要しない者についての記述である。法第107条の柱書きのただし書きの規定から，記述は正しい。

**3**：証明書の交付についての記述である。法第110条の2第1項の規定から，記述は正しい。

**4**：登録の基準と適合命令についての記述である。法第111条および第109条第一号の規定から，記述は正しい。

**5**：登録の失効についての記述である。法第112条の規定から，記述は正しい。

**2**：計量証明の事業の登録の基準は，法第109条でつぎのとおり定められている。

第109条　都道府県知事は，第107条の登録の申請が次の各号に適合するときは，その登録をしなければならない。

一　計量証明に使用する特定計量器その他の器具，機械又は装置が経済産業省令で定める基準に適合するものであること。

二　前条第五号イ又はロに掲げる者が当該事業に係る計量管理（計量器の整備，計量の正確の保持，計量の方法の改善その他適正な計量の実施を確保するために必要な措置を講ずることをいう。以下同じ。）を行うものであること。

三　当該事業が第121条の2に規定する特定計量証明事業のうち適正な計量の実施を確保することが特に必要なものとして政令で定める事業である場合にあっては，同条の認定を受けていること。

第二号の前条第五号イまたはロに掲げる者とは，第108条第五号のイまたはロに掲げられている者で，「イ　事業の区分に応じて経済産業省令で定める計量士」，「ロ　事業の区分に応じて経済産業省令で定める条件に適合する知識経験を有する者」である。また登録の基準として，イまたはロに掲げる者の数については定められていない。

よって，「計量法第109条に規定する計量証明の事業の登録の基準の一つとして，事業の区分に応じて経済産業省令で定める計量士又は経済産業省令で定める条件に適合する知識経験を有する者が当該事業に係る計量管理を行い，その数が経済産業省令で定める数以上であること，がある。」とある記述は，誤りである。

**正 解**　2

## 問 17

計量証明検査に関する次の記述の中から，正しいものを一つ選べ。

**1**　適正計量管理事業所の指定を受けた計量証明事業者がその指定に係る事業所において計量証明に使用する特定計量器は，都道府県知事が行う計量証明検査を受けなければならない。

**2**　計量法第118条第1項に規定する計量証明検査の合格条件の一つとして，その構造が経済産業省令で定める技術上の基準に適合すること，がある。

**3**　計量証明検査の合格条件のうち，器差に関する条件に適合するかどうかは，経済産業省令で定める方法により，特定標準器又は特定標準物質を用いて定めなければならない。

**4**　計量証明検査済証印には，その計量証明検査を行った年月を表示するものとする。

**5**　都道府県知事は，計量証明検査を行った特定計量器が計量法第118条第1項各号に規定する計量証明検査の合格条件に適合するときは，経済産業省令で定めるところにより，その器差を記載した証明書をその特定計量器を使用する者に交付しなければならない。

---

**題 意**　計量証明検査に関する記述について，正誤を問うものである。（正しいものを選ぶ。）

**解 説**　**1**：計量証明検査を受けることを要しない特定計量器として，法第116条第1項第二号で「第127条第1項の指定を受けた計量証明事業者がその指定に係る事業所において使用する特定計量器（前号に掲げるものを除く。）」と定められている。よって，「適正計量管理事業所の指定を受けた計量証明事業者がその指定に係る事業所において計量証明に使用する特定計量器は，都道府県知事が行う計量証明検査を受けなければならない。」とある記述は，誤りである。

**2**：計量証明検査の合格条件は，法第 118 条第 1 項でつぎのとおり定められている。

第 118 条　計量証明検査を行った特定計量器が次の各号に適合するときは，合格とする。

一　検定証印等（第 72 条第 2 項の政令で定める特定計量器にあっては，有効期間を経過していないものに限る。）が付されていること。

二　その性能が経済産業省令で定める技術上の基準に適合すること。

三　その器差が経済産業省令で定める使用公差を超えないこと。

よって，「その構造が経済産業省令で定める技術上の基準に適合すること。」とある記述は，誤りである。

**3**：計量証明検査の合格条件の一つである器差が使用公差を超えないことに適合するかどうかは，法第 118 条第 3 項で「（前略）…基準器…（中略）…を用いて定めるものとする。」と定められている。よって，「（前略）…特定標準器又は特定標準物質を用いて定めなければならない。」とある記述は，誤りである。

**5**：法第 119 条第 1 項で「計量証明検査に合格した特定計量器には，経済産業省令で定めるところにより，計量証明検査済証印を付する。」と定められている。よって，「（前略）…その器差を記載した証明書をその特定計量器を使用する者に交付しなければならない。」とある記述は，誤りである。

**4**：計量証明検査済証印に表示する年月についての記述である。法第 119 条第 2 項の規定から，記述は正しい。

**正解**　**4**

## 問 18

特定計量証明事業の証明書の交付に関する計量法第 121 条の 3 の条文中の下線部ア～エのうち，誤っているもののみを全て挙げている組合せを一つ選べ。

第 121 条の 3　計量法第 121 条の 2 の認定を受けた者（以下「ア：認定特定計量証明事業者」という。）は，同条の認定を受けたイ：物象の状態の量の区分に係る計量証明を行ったときは，経済産業省令で定める事項を記載し，ウ：経済産業省令で定める標章を付した証明書を交付することができる。

2　何人も，前項に規定する場合を除くほか，計量証明に係る証明書に同項のエ：標章を付してはならない。

3　前項に規定するもののほか，ア：認定特定計量証明事業者は，計量証明に係る証明書以外のものに，第1項のエ：標章を付してはならない。

**1**　ア，ウ

**2**　ア，エ

**3**　イ，ウ

**4**　イ，エ

**5**　ウ，エ

---

【題意】 特定計量証明事業の証明書の交付に関する理解度を問うものである。（下線部について誤っている部分の組合せを選ぶ。）

【解説】 特定計量証明事業の証明書の交付に関しては，法第121条の3第1項から第3項でつぎのとおり定められている。

第121条の3　前条の認定を受けた者（以下「認定特定計量証明事業者」という。）は，同条の認定を受けた事業の区分に係る計量証明を行ったときは，経済産業省令で定める事項を記載し，経済産業省令で定める標章を付した証明書を交付することができる。

2　何人も，前項に規定する場合を除くほか，計量証明に係る証明書に同項の標章又はこれと紛らわしい標章を付してはならない。

3　前項に規定するもののほか，認定特定計量証明事業者は，計量証明に係る証明書以外のものに，第1項の標章又はこれと紛らわしい標章を付してはならない。

よって，誤っている部分は，イの「物象の状態の量の区分」，エの「標章を付して」であり，**4**の組合せが正しい。

【正解】 **4**

---

【問】 **19**

特定計量証明事業に関する次の記述の中から，誤っているものを一つ選べ。

**1**　特定計量証明事業とは，計量法第107条第2号に規定する物象の状態の量で極めて微量のものの計量証明を行うために高度の技術を必要とするものとして政令で定める事業をいう。

**2**　特定計量証明事業のうち適正な計量の実施を確保することが特に必要なものとして政令で定める事業を行おうとする者は，計量法第121条の2の各号に適合している旨の認定を受けていれば，都道府県知事による同法第107条の計量証明の事業の登録を受けることを要しない。

**3**　特定計量証明事業の認定は，3年を下らない政令で定める期間ごとにその更新を受けなければ，その期間の経過によって，その効力を失う。

**4**　特定計量証明事業の認定を受けようとする者及びその認定の更新を受けようとする者は，実費を勘案して政令で定める額の手数料を納付しなければならない。

**5**　経済産業大臣は，計量法第121条の2の認定をしたときには，その旨を公示しなければならない。

---

**【題 意】**　特定計量証明事業に関する記述について，正誤を問うものである。(誤っているものを選ぶ。)

**【解 説】**　**1**：特定計量証明事業の定義についての記述である。法第121条の2の規定から，記述は正しい。

**3**：特定計量証明事業の認定の更新についての記述である。法第121条の4第1項の規定から，記述は正しい。

**4**：認定および認定の更新における手数料の納付についての記述である。法第158条第1項の柱書き，同条同項第十号および第十一号の規定から，記述は正しい。

**5**：認定の公示についての記述である。法第159条第1項の柱書き，同条同項第十二号の規定から，記述は正しい。

**2**：計量証明の事業の登録については，法第107条の柱書きで「計量証明の事業であって次に掲げるものを行おうとする者は，経済産業省令で定める事業の区分…（中略）…に従い，その事業所ごとに，その所在地を管轄する都道府県知事の登録を受けなければならない。…（以下略）。」と定められている。

計量証明の事業の登録の基準は，法第109条第一～三号で定められており，第三号は「当該事業が第121条の2に規定する特定計量証明事業のうち適正な計量の実施を確保することが特に必要なものとして政令で定める事業である場合にあっては，同条の認定を受けていること。」と定めている。

特定計量証明事業のうち適正な計量の実施を確保することが特に必要なものとして政令で定める事業である場合にあっては，法第121条の2の各号に適合している旨の認定を受けていることが計量証明の事業の登録の基準の一つである。

よって，「（前略）…計量法第121条の2の各号に適合している旨の認定を受けていれば，都道府県知事による同法第107条の計量証明の事業の登録を受けることを要しない。」とある記述は，誤りである。

なお，法第109条第三号の政令で定める事業は，法施行令第29条の2第一号に掲げられており，大気，水または土壌中のダイオキシン類の濃度の計量証明の事業である。

**正 解**　**2**

## 問 20

計量法第122条に規定する計量士の登録に関する次の記述の（ア）～（ウ）に入る語句の組合せとして，正しいものを一つ選べ。

第122条　経済産業大臣は，計量器の（　ア　）その他の計量管理を適確に行うために必要な知識経験を有する者を計量士として登録する。

2　次の各号の一に該当する者は，経済産業省令で定める計量士の区分（以下単に「計量士の区分」という。）ごとに，氏名，生年月日その他経済産業省令で定める事項について，前項の規定による登録を受けて，計量士となることができる。

一　（　イ　），かつ，計量士の区分に応じて経済産業省令で定める実務の経験その他の（　ウ　）に適合する者

| | （ア） | （イ） | （ウ） |
|---|---|---|---|
| **1** | 検査 | 国立研究開発法人産業技術総合研究所が行う計量法第166条第1項の教習の課程を修了し | 基準 |
| **2** | 校正 | 計量士国家試験に合格し | 条件 |
| **3** | 検査 | 計量士国家試験に合格し | 基準 |

| | | | |
|---|---|---|---|
| **4** | 校正 | 国立研究開発法人産業技術総合研究所が行う計量法第166条第1項の教習の課程を修了し | 条件 |
| **5** | 検査 | 計量士国家試験に合格し | 条件 |

**【題 意】** 法122条第1項，同条第2項の柱書きおよび同条同項第一号に規定する「計量士の登録」に関する条文の語句の穴埋めの問題である。

**【解 説】** 計量士の登録に関しては，法第122条でつぎのとおり定められている。

第122条　経済産業大臣は，計量器の検査その他の計量管理を適確に行うために必要な知識経験を有する者を計量士として登録する。

2　次の各号の一に該当する者は，経済産業省令で定める計量士の区分（以下単に「計量士の区分」という。）ごとに，氏名，生年月日その他経済産業省令で定める事項について，前項の規定による登録を受けて，計量士となることができる。

一　計量士国家試験に合格し，かつ，計量士の区分に応じて経済産業省令で定める実務の経験その他の条件に適合する者

二　…略…

3　…（以下略）

よって，（ア）に入る語句は「検査」，（イ）に入る語句は「計量士国家試験に合格し」，（ウ）に入る語句は「条件」であり，**5**の語句の組合せが正しい。

**【正 解】** **5**

## 問 21

計量士に関する次の記述の中から，正しいものを一つ選べ。

**1**　経済産業省令で定める計量士の区分は，二つである。

**2**　計量士登録証に記載すべき事項として政令で定めるものは，氏名，住所その他経済産業省令で定めるもの，である。

**3**　計量士資格認定証（計量法施行令第30条第2項の規定により交付を受けたもの）を失ったときは，経済産業省令で定めるところにより，その住所又は勤務地を管轄する都道府県知事を経由して，経済産業大臣に申請し，計量士資格認定証の再交付を受けることができる。

**4**　計量士登録証の交付を受けた者は，その登録が取り消されたときは，遅滞なく，その住所又は勤務地を管轄する都道府県知事に返納しなければならない。

**5**　計量士の登録を受けようとする者は，経済産業省令で定めるところにより，その住所又は勤務地を管轄する都道府県知事を経由して，経済産業大臣に登録の申請をしなければならない。

---

**【題 意】**　計量士に関する記述について，正誤を問うものである。（正しいものを選ぶ。）

**【解 説】**　**1**：法第122条第2項の経済産業省令で定める計量士の区分は，法施行規則第50条各号でつぎのとおり定められている。

第50条　法第122条第2項の経済産業省令で定める計量士の区分は，次のとおりとする。

一　濃度に係る計量士（以下「環境計量士（濃度関係）」という。）

二　音圧レベル及び振動加速度レベルに係る計量士（以下「環境計量士（騒音・振動関係）」という。）

三　前二号に掲げる物象の状態の量以外のものに係る計量士（以下「一般計量士」という。）

よって，3区分であり，「経済産業省令で定める計量士の区分は，二つである。」とある記述は，誤りである。

**2**：計量士登録証に記載する事項は，法施行令第34条第2項で「計量士登録証には，氏名，生年月日その他経済産業省令で定める事項を記載しなければならない。」と定められている。よって，「（前略）…氏名，住所その他経済産業省令で定めるもの，である。」とある記述は，誤りである。

**3**：計量士資格認定証の再交付については，法施行令第31条で「（前略）…計量士資格認定証を汚し，損じ，又は失ったときは，…（中略）…審議会に申請し，計量士資格認定証の再交付を受けることができる。」と定められている。よって，「（前略）…経済産業大臣に申請し，計量士資格認定証の再交付を受けることができる。」とある記述は，誤りである。なお，「審議会」とは「計量行政審議会」のことである。

**4**：計量士登録証の返納は，法施行令第37条でつぎのとおり定められている。

第37条　計量士登録証の交付を受けた者は，次の各号のいずれかに該当することとなったときは，遅滞なく，その住所又は勤務地を管轄する都道府県知事を経由して，当該計量士登録証（…略…）を経済産業大臣に返納しなければならない。」

一　登録が取り消されたとき。

二　…（以下略）

よって，「計量士登録証の交付を受けた者は，その登録が取り消されたときは，遅滞なく，その住所又は勤務地を管轄する都道府県知事に返納しなければならない。」とある記述は，誤りである。

**5**：登録の申請についての記述である。法施行令第32条第1項の規定から，記述は正しい。

**正 解**　**5**

## 問 22

適正計量管理事業所に関する次の記述の中から，正しいものを一つ選べ。

**1**　適正計量管理事業所の指定を受けるための申請書に記載することが必要な事項の一つとして，経済産業省令で定める条件に適合する知識経験を有する者の氏名及びその職務の内容，がある。

**2**　適正計量管理事業所の指定の申請をした者は，遅滞なく，当該事業所における計量管理の方法について，国の事業所にあっては経済産業大臣，その他の事業所にあっては当該事業所を管轄する都道府県知事が行う検査を受けなければならない。

**3**　適正計量管理事業所の指定の基準の一つとして，特定計量器の種類に応じて経済産業省令で定める計量士が，当該事業所で使用する特定計量器について，経済産業省令で定めるところにより，検査を定期的に行うものであること，がある。

**4**　経済産業大臣は，適正計量管理事業所の指定を受けた者が，不正の手段によりその指定を受けたときは，その指定を取り消し，又は1年以内の期間を定めて，その事業の停止を命ずることができる。

**5**　適正計量管理事業所の指定を受けた者は，指定を受けた事業所の所在地を変更しようとするときは，変更しようとする日の 2 週間前までに，経済産業大臣に届け出なければならない。

---

**【題意】** 適正計量管理事業所に関する記述について，正誤を問うものである。（正しいものを選ぶ。）

**【解説】** **1**：適正計量管理事業所の指定の申請書には，法第 127 条第 2 項でつぎの事項を記載することが定められている。

第 127 条　…略…

2　…略…

一　氏名又は名称及び住所並びに法人にあっては，その代表者の氏名

二　事業所の名称及び所在地

三　使用する特定計量器の名称，性能及び数

四　使用する特定計量器の検査を行う計量士の氏名，登録番号及び計量士の区分

五　計量管理の方法に関する事項（経済産業省令で定めるものに限る。）

よって，「（前略）…経済産業省令で定める条件に適合する知識経験を有する者の氏名及びその職務の内容，がある。」とある記述は，誤りである。

**2**：計量管理の方法に関する検査については，法第 127 条第 3 項で「（前略）…当該都道府県知事又は特定市町村の長が行う検査を受けなければならない。」と定められている。

よって，「（前略）…国の事業所にあっては経済産業大臣，その他の事業所にあっては当該事業所を管轄する都道府県知事が行う検査を受けなければならない。」とある記述は，誤りである。

**4**：適正計量管理事業所の指定の取消しは，法第 132 条の柱書きでつぎのとおり定められている。

第 132 条　経済産業大臣は，第 127 条第 1 項の指定を受けた者が次の各号の一に該当するときは，その指定を取り消すことができる。

よって，「（前略）…その指定を取り消し，又は 1 年以内の期間を定めて，その事業の停止を命ずることができる。」とある記述は，誤りである。期間を定めての事業の停止の命令については規定されていない。

**5**：法第133条で準用する第62条第1項で「適正計量管理事業者は第127条第2項各号の事項に変更があったときは，遅滞なく，その旨を経済産業大臣に届け出なければならない。」と定められている。また，第127条第2項第二号で「事業所の名称及び所在地」と定められている。よって，「（前略）…指定を受けた事業所の所在地を変更しようとするときは，変更しようとする日の2週間前までに，経済産業大臣に届け出なければならない。」とある記述は，誤りである。

**3**：指定の基準についての記述である。法第128条第一号の規定から，記述は正しい。

なお，もう一つの基準として，同条第二号で「その他計量管理の方法が経済産業省令で定める基準に適合すること。」と定められている。

【正解】 **3**

## 問 23

計量法第143条第2項に規定する計量器の校正等の事業を行う者の登録の適合要件の一つに関する次の記述の（ア）～（ウ）に入る語句の組合せとして，正しいものを一つ選べ。

国際標準化機構及び（　ア　）が定めた（　イ　）を行う機関に関する（　ウ　）に適合するものであること。

| | （ア） | （イ） | （ウ） |
|---|---|---|---|
| **1** | 国際度量衡委員会 | 校正 | 基準 |
| **2** | 国際電気標準会議 | 校正 | 基準 |
| **3** | 国際度量衡委員会 | 検査 | 基準 |
| **4** | 国際電気標準会議 | 検査 | 試験 |
| **5** | 国際度量衡委員会 | 校正 | 試験 |

【題意】 法第143条第2項に規定する「計量器の校正等の事業を行う者の登録の適合要件」に関する条文の語句の穴埋めの問題である。

【解説】 計量器の校正等の事業を行う者の登録の適合要件については，法第143条第2項第一号および第二号でつぎのとおり定められている。

第143条　…略…

2　経済産業大臣は，前項の登録の申請が次に掲げる要件のすべてに適合しているときは，その登録をしなければならない。

一　特定標準器による校正等をされた計量器若しくは標準物質又はこれらの計量器若しくは標準物質に連鎖して段階的に計量器の校正等をされた計量器若しくは標準物質を用いて計量器の校正等を行うものであること。

二　国際標準化機構及び国際電気標準会議が定めた校正を行う機関に関する基準に適合するものであること。

よって，（ア）に入る語句は「国際電気標準会議」，（イ）に入る語句は「校正」，（ウ）に入る語句は「基準」であり，**2** の語句の組合せが正しい。

**正 解**　**2**

## 問 24

計量法第 8 章第 2 節の特定標準器以外の計量器による校正等に関する次の記述の中から，誤っているものを一つ選べ。

**1**　計量器の校正等の事業を行う者は，校正を行う計量器の表示する物象の状態の量又は値付けを行う標準物質に付された物象の状態の量ごとに，経済産業大臣に申請して，計量法第 143 条の登録を受けなければならない。

**2**　登録を受けた計量器の校正等の事業を行う者（以下この問において「登録事業者」という。）は，特定標準器による校正をされた計量器を用いて計量器の校正を行ったときは，経済産業省令で定める事項を記載し，経済産業省令で定める標章を付した証明書（以下この問において「JCSS 証明書」という。）を交付することができる。

**3**　登録事業者が自ら販売し，又は貸し渡す計量器について計量器の校正を行う者である場合にあっては，その登録事業者は，JCSS 証明書を付して計量器を販売し，又は貸し渡すことができる。

**4**　登録事業者ではない計量器の校正等の事業を行う者は，計量器の校正等に係る証明書に，計量法第 144 条第 1 項の経済産業省令で定める標章又はこれと紛らわしい標章を付してはならない。

**5** 計量器の校正等の事業を行う者の登録は，3年を下らない政令で定める期間ごとにその更新を受けなければ，その期間の経過によって，その効力を失う。

---

**題 意** 特定標準器以外の計量器による校正等に関する記述について，正誤を問うものである。（誤っているものを選ぶ。）

**解 説** **2**：登録事業者の証明書の交付についての記述である。法第144条第1項の規定から，記述は正しい。

**3**：登録事業者が自ら販売し，または貸し渡す計量器または標準物質について計量器の校正等を行う者である場合についての記述である。法第144条第2項の規定から，記述は正しい。

**4**：計量器の校正等に係る証明書に付す標章についての記述である。法第144条第3項の規定から，記述は正しい。

**5**：登録事業者の登録の更新についての記述である。法第144条の2第1項の規定から，記述は正しい。

**1**：計量器の校正等の事業を行う者の登録は，法第143条第1項で「計量器の校正等の事業を行う者は，校正を行う計量器の表示する物象の状態の量又は値付けを行う標準物質に付された物象の状態の量ごとに，経済産業大臣に申請して，登録を受けることができる。この場合において，登録に関して必要な手続きは，経済産業省令で定める。」と定められている。

よって，「計量器の校正等の事業を行う者は，…（中略）…経済産業大臣に申請して，計量法第143条の登録を受けなければならない。」とある記述は，誤りである。

**正 解** **1**

## 問 25

計量法の雑則及び罰則に関する次の記述の中から，正しいものを一つ選べ。

**1** 経済産業大臣は，その職員に工場において取引又は証明における法定計量単位による計量に使用されている特定計量器を検査させた場合において，その特定計量器の性能が経済産業省令で定める技術上の基準に適合していないときは，検定証印等を除去することができるが，一般家庭は，立入検査の対象でないため，取引又は証明に使用されている特定計量器について検定証印等を除去することはできない。

**2**　計量法に基づく立入検査の権限は，犯罪捜査のために認められたものである。

**3**　計量法第148条に基づく立入検査を行う職員は，その身分を示す証明書を携帯し，要請があった場合に限り，関係者に提示する必要がある。

**4**　指定定期検査機関の役員又は職員は，計量法第31条の規定（帳簿の記載）に違反して同条に規定する事項を帳簿に記載しなかった場合には，罰金に処する。

**5**　経済産業大臣は，定期検査，検定に必要な用具であって，経済産業省令で定めるものを都道府県知事又は特定市町村の長に有償で貸し付けることができる。

---

**【題 意】**　法の雑則および罰則に関する記述について，正誤を問うものである。（正しいものを選ぶ。）

**【解 説】**　**1**：立入検査によらない検定証印等の除去（一般家庭などにおいて取引または証明に使用されている特定計量器に係る検定証印等の除去）については，法第154条第1項で「第151条第1項に規定する場合のほか，経済産業大臣又は都道府県知事若しくは特定市町村の長は，政令で定める特定計量器であって取引又は証明における法定計量単位による計量に使用されているものが同項各号の一に該当するときは，その特定計量器に付されている検定証印等を除去することができる。」と定められている。よって，「（前略）…一般家庭は，立入検査の対象ではないため，取引又は証明に使用されている特定計量器について検定証印等を除去することはできない。」とある記述は，誤りである。なお，第151条第1項に規定する場合が，立入検査による検定証印等の除去である。

**2**：立入検査の権限は，法第148条第5項で「第1項から第3項までの規定による権限は，犯罪捜査のために認められたものと解釈してはならない。」と定められている。よって，「計量法に基づく立入検査の権限は，犯罪捜査のために認められたものである。」

とある記述は，誤りである。

**3**：身分証明書の提示は，法第 148 条第 4 項で「前三項の規定により立入検査をする職員は，その身分を示す証明書を携帯し，関係者に提示しなければならない。」と定められている。よって，「計量法第 148 条に基づく立入検査を行う職員は，その身分を示す証明書を携帯し，要請があった場合に限り，関係者に提示する必要がある。」とある記述は，誤りである。

**5**：検定用具等の貸付けについては，法第 167 条で「経済産業大臣は，定期検査，検定，…（中略）…必要な用具であって，経済産業省令で定めるもの…（中略）…を都道府県知事又は特定市町村の長に無償で貸し付けなければならない。」と定められている。よって，「経済産業大臣は，定期検査，検定に必要な用具であって，経済産業省令で定めるものを都道府県知事又は特定市町村の長に有償で貸し付けることができる。」とある記述は，誤りである。

**4**：指定定期検査機関の役員または職員に関わる罰則についての記述である。法第 31 条，第 176 条の柱書きおよび同条第一号の規定から，記述は正しい。

【正 解】 **4**

## 1.2　第72回（令和3年12月実施）

### 問 1

計量法第1条に規定する目的に関する次の記述の（ア）～（ウ）に入る語句の組合せとして，正しいものを一つ選べ。

第1条　この法律は，計量の（　ア　）を定め，（　イ　）な計量の実施を確保し，もって（　ウ　）の向上に寄与することを目的とする。

| | （ア） | （イ） | （ウ） |
|---|---|---|---|
| **1** | 基準 | 正確 | 経済の発展及び文化 |
| **2** | 標準 | 最適 | 産業の発展及び文化 |
| **3** | 標準 | 適正 | 産業の発展及び国民の生活 |
| **4** | 基準 | 適正 | 経済の発展及び文化 |
| **5** | 方法 | 最適 | 経済の発展及び国民の生活 |

**題意**　計量法（以下「法」という。）の目的についての理解度を問うものである。（語句の組合せとして正しいものを選ぶ。）

**解説**　法の目的は，第1条でつぎのとおり規定されている。

第1条　この法律は，計量の基準を定め，適正な計量の実施を確保し，もって経済の発展及び文化の向上に寄与することを目的とする。

よって，（ア）に入る語句は「基準」，（イ）に入る語句は「適正」，（ウ）に入る語句は「経済の発展及び文化」，であり，**4**の語句の組合せが正しい。

**正解**　**4**

### 問 2

計量法第2条に規定する定義に関する次の記述の中から，誤っているものを一つ選べ。

**1**　計量法において，「計量器」とは，計量をするための器具，機械又は装置をいう。

**2**　計量法において，「証明」とは，公に又は業務上他人に一定の事実が真実である旨を表明することをいう。

**3**　計量法において，「特定計量器」とは，取引又は証明における計量に使用される全ての計量器をいう。

**4**　計量法において，「計量単位」とは，計量の基準となるものをいう。

**5**　計量法において，「標準物質」とは，政令で定める物象の状態の量の特定の値が付された物質であって，当該物象の状態の量の計量をするための計量器の誤差の測定に用いるものをいう。

---

**【題 意】**　法第2条各項に規定する用語の定義に関する記述について，正誤を問うものである。（誤っているものを選ぶ。）

**【解 説】**　**1**　「計量器」の定義についての記述である。法第2条第4項の規定から，記述は正しい。

**2**　「証明」の定義についての記述である。法第2条第2項の規定から，記述は正しい。

**4**　「計量単位」の定義についての記述である。法第2条第1項の柱書きの規定から，記述は正しい。

**5**　「標準物質」の定義についての記述である。法第2条第6項の規定から，記述は正しい。

**3**　「計量器」と「特定計量器」の定義については，法第2条第4項で「この法律において「計量器」とは，計量をするための器具，機械又は装置をいい，「特定計量器」とは，取引若しくは証明における計量に使用され，又は主として一般消費者の生活の用に供される計量器のうち，適正な計量の実施を確保するためにその構造又は器差に係る基準を定める必要があるものとして政令で定めるものをいう。」と規定されている。

よって，「計量法において，「特定計量器」とは，取引又は証明における計量に使用される全ての計量器をいう。」とある記述は，誤りである。

**【正 解】**　**3**

## 問 3

次に示す法定計量単位とその物象の状態の量との組合せとして，正しいものを一つ選べ。

| | （法定計量単位） | （物象の状態の量） |
|---|---|---|
| **1** | モル毎リットル | 物質量 |
| **2** | クーロン | 起電力 |
| **3** | シーベルト | 放射能 |
| **4** | 平方メートル | 体積 |
| **5** | ラジアン | 角度 |

---

**［題 意］**「法定計量単位」と「物象の状態の量」との組合せについて，正誤を問うものである。（正しいものを選ぶ。）

**［解 説］** 法定計量単位は，法第3条から第5条に規定されている計量単位である。

第3条および第4条の「計量単位」と「物象の状態の量」については，法別表第1～3に定められている。

**1**：「モル毎リットル」は「濃度」の計量単位の一つである。「物質量」の計量単位は「モル」である。よって，「モル毎リットル」と「物質量」の組合せは誤りである。

**2**：「クーロン」は「電気量」の計量単位である。「起電力」の計量単位は「ボルト」である。よって，「クーロン」と「起電力」の組合せは誤りである。

**3**：「シーベルト」は「線量当量」の計量単位の一つである。「放射能」の計量単位は「ベクレル，キュリー」である。よって，「シーベルト」と「放射能」の組合せは誤りである。

**4**：「平方メートル」は「面積」の計量単位である。「体積」の計量単位は「立方メートル，リットル」である。よって，「平方メートル」と「体積」の組合せは誤りである。

**5**：「ラジアン」と「角度」の組合せは別表第1に掲げられており，正しい。なお，「角度」の計量単位は「ラジアン，度，秒，分」である。

**［正 解］** **5**

---

## 問 4

計量単位に関する次の記述の中から，誤っているものを一つ選べ。

**1**　計量法第3条では，計量法第2条第1項第1号に掲げる物象の状態の量のうち別表第1の上欄（物象の状態の量）に掲げるものの計量単位は，同表の下欄（計量単位）に掲げるとおりとし，その定義は，国際法定計量委員会の決議その他の計量単位に関する国際的な決定及び慣行に従い，政令で定める，と規定されている。

**2**　計量法第5条第1項では，計量法第3条及び第4条に規定する計量単位のほか，これらの計量単位に10の整数乗を乗じたものを表す計量単位及びその定義は，政令で定める，と規定されている。

**3**　法定計量単位には，計量法第5条第2項に規定されている，海面における長さの計量その他の政令で定める特殊の計量に用いる長さ，質量，角度，面積，体積，速さ，加速度，圧力又は熱量の計量単位が含まれる。

**4**　非法定計量単位は，計量法第2条第1項第1号に掲げる物象の状態の量について，日本国内に住所又は居所（法人にあっては営業所）を有しない者相互間における取引又は証明に使用することができる。

**5**　計量法第2条第1項第1号に掲げる物象の状態の量の計量に使用する非法定計量単位による目盛又は表記を付した計量器であって，輸出すべき計量器その他の政令で定めるものは，販売することができる。

---

**【題 意】**　特殊の計量に用いる計量単位，非法定計量単位の使用の禁止など，計量単位について，正誤を問うものである。（誤っているものを選ぶ。）

**【解 説】**　**2**：10の整数乗を乗じたものを表す計量単位についての記述である。法第5条第1項の規定から，記述は正しい。

**3**：特殊の計量に用いる計量単位についての記述である。法第5条第2項の規定から，記述は正しい。

**4**：非法定計量単位の使用の禁止についての記述である。法第8条第3項の規定から，記述は正しい。

**5**：非法定計量単位による目盛等を付した計量器についての記述である。法第9条第2項の規定から，記述は正しい。

**1**：計量単位の定義については，法第3条で「（前略）…その定義は，国際度量衡総会の決議その他の計量単位に関する国際的な決定及び慣行に従い，政令で定める。」と規定されている。よって，「（前略）…その定義は，国際法定計量委員会の決議その他の…（以下略）」とある記述は，誤りである。

**正 解**　**1**

**問 5**

次に示す商品のうち，計量法第 13 条第 1 項の政令で定める商品として該当するものを全て挙げている組合せを一つ選べ。

ア　らっきょう漬け（缶詰及び瓶詰を除く。）

イ　マーマレード

ウ　アイスクリーム

エ　干しのり

**1**　ア，イ

**2**　ア，エ

**3**　イ，ウ

**4**　ウ，エ

**5**　ア，ウ，エ

**題 意**　密封をしたときに特定物象量を表記すべき特定商品についての理解度を問うものである。（該当する特定商品をすべて挙げている組合せを選ぶ）

**解 説**　法第 13 条第 1 項の政令で定める商品とは，同条同項で，「政令で定める特定商品の販売の事業を行う者は，その特定商品をその特定物象量に関し密封をするときは，量目公差を超えないようにその特定物象量の計量をして，その容器又は包装にその特定物象量を表記しなければならない。」と定められている商品である。商品は，政令（特定商品の販売に係る計量に関する政令第 5 条）で定められている。

アの「らっきょう漬け（缶詰及び瓶詰を除く。）」は，同政令第 5 条第三号に掲げられている。

イの「マーマレード」は，同政令同条第五号に掲げられている。

ウの「アイスクリーム」は，同政令同条第十号で除かれている。

エの「干しのり」は，同政令同条第十四号で除かれている。

よって，法第 13 条第 1 項の政令で定める商品として該当するものは，「ア：らっきょう漬け（缶詰及び瓶詰を除く。）」，「イ：マーマレード」であり，該当するものをすべて挙げている組合せは，**1** である。

**［正 解］** **1**

## 問 6

計量法第 13 条第 1 項の規定に関する次の記述の（ア）～（ウ）に入る語句の組合せとして，正しいものを一つ選べ。

第 13 条　政令で定める特定商品の（　ア　）の事業を行う者は，その特定商品をその（　イ　）に関し密封（商品を容器に入れ，又は包装して，その容器若しくは包装又はこれらに付した封紙を破棄しなければ，当該物象の状態の量を増加し，又は減少することができないようにすることをいう。以下同じ。）をするときは，量目公差を超えないようにその（　イ　）の計量をして，その容器又は包装に経済産業省令で定めるところによりこれを（　ウ　）。

| | （ア） | （イ） | （ウ） |
|---|---|---|---|
| **1** | 取引 | 内容量 | 表記することができる |
| **2** | 販売 | 内容量 | 表記することができる |
| **3** | 販売 | 特定物象量 | 表記しなければならない |
| **4** | 製造 | 特定物象量 | 表記することができる |
| **5** | 製造 | 特定物象量 | 表記しなければならない |

**［題 意］** 密封をした特定商品に係る特定物象量の表記に関する規定についての理解度を問うものである。（語句の組合せとして正しいものを選ぶ。）

**［解 説］** 法第 13 条第 1 項は，密封をした特定商品に係る特定物象量の表記について，つぎのとおり規定している。

第 13 条　政令で定める特定商品の販売の事業を行う者は，その特定商品をその特定物象量に関し密封（商品を容器に入れ，又は包装して，その容器若しくは包装又はこれらに付した封紙を破棄しなければ，当該物象の状態の量を増加し，又は減少することができないようにすることをいう。以下同じ。）をするときは，量目公差を超えないようにその特定物象量の計量をして，その容器又は包装に経済産業省令で定めるところによりこれを表記しなければならない。

よって，（ア）に入る語句は「販売」，（イ）に入る語句は「特定物象量」，（ウ）に入る語句は「表記しなければならない」，であり，**3** の語句の組合せが正しい。

**【正解】 3**

## 問 7

計量法第 16 条第 1 項の規定に関する次の記述の（ア）～（ウ）に入る語句の組合せとして，正しいものを一つ選べ。

第 16 条　次の各号の一に該当するもの（船舶の喫水により積載した貨物の質量の計量をする場合におけるその船舶及び政令で定める特定計量器を除く。）は，取引又は証明における法定計量単位による計量【・・中略・・】に使用し，又は使用に供するために所持してはならない。

一　（　ア　）でないもの

二　次に掲げる特定計量器以外の特定計量器

イ　経済産業大臣，都道府県知事，日本電気計器検定所又は経済産業大臣が指定した者（以下「指定検定機関」という。）が行う検定を受け，これに合格したものとして第 72 条第 1 項の（　イ　）が付されている特定計量器

ロ　経済産業大臣が指定した者が製造した特定計量器であって，第 96 条第 1 項【・・中略・・】の表示が付されているもの

三　第 72 条第 2 項の政令で定める特定計量器で同条第 1 項の（　イ　）又は第 96 条第 1 項の表示【・・中略・・】が付されているものであって，（　イ　）等の有効期間を（　ウ　）したもの

| | （ア） | （イ） | （ウ） |
|---|---|---|---|
| **1** | 計量器 | 検定証印 | 経過 |
| **2** | 器具，機械又は装置 | 検定証印 | 抹消 |
| **3** | 計量器 | 基準適合証印 | 抹消 |
| **4** | 器具，機械又は装置 | 基準適合証印 | 経過 |

**5**　器具，機械又は装置　　検定証印　　経過

---

**題意**　計量器等の使用の制限の規定についての理解度を問うものである。（語句の組合せとして正しいものを選ぶ。）

**解説**　法第16条第1項は，計量器等の使用に関してつぎのとおり規定している。

第16条　次の各号の一に該当するもの（船舶の喫水により積載した貨物の質量の計量をする場合におけるその船舶及び政令で定める特定計量器を除く。）は，取引又は証明における法定計量単位による計量（第2条第1項第二号に掲げる物象の状態の量であって政令で定めるものの第6条の経済産業省令で定める計量単位による計量を含む。第18条，第19条第1項及び第151条第1項において同じ。）に使用し，又は使用に供するために所持してはならない。

一　計量器でないもの

二　次に掲げる特定計量器以外の特定計量器

イ　経済産業大臣，都道府県知事，日本電気計器検定所又は経済産業大臣が指定した者（以下「指定検定機関」という。）が行う検定を受け，これに合格したものとして第72条第1項の検定証印が付されている特定計量器

ロ　経済産業大臣が指定した者が製造した特定計量器であって，第96条第1項（第101条第3項において準用する場合を含む。次号において同じ。）の表示が付されているもの

三　第72条第2項の政令で定める特定計量器で同条第1項の検定証印又は第96条第1項の表示（以下「検定証印等」という。）が付されているものであって，検定証印等の有効期間を経過したもの

よって，（ア）に入る語句は「計量器」，（イ）に入る語句は「検定証印」，（ウ）に入る語句は「経過」であり，**1**の語句の組合せが正しい。

**正解**　**1**

---

## 問 8

定期検査に関する次の記述の中から，誤っているものを一つ選べ。

**1**　計量法第20条の規定に基づき，都道府県知事又は特定市町村の長は，その指定する者に，定期検査を行なわせることができる。

**2**　計量法第22条の規定に基づき，都道府県知事が定期検査の実施について計量法第21条第2項の規定により公示したときは，当該定期検査を行う区域内の市町村の長は，その対象となる特定計量器の数を調査し，経済産業省令で定めるところにより，都道府県知事に報告しなければならない。

**3**　計量法第23条に規定する定期検査の合格条件の一つに，その器差が経済産業省令で定める検定公差を超えないこと，がある。

**4**　計量法第24条の規定に基づき，定期検査に合格した特定計量器には，経済産業省令で定めるところにより，定期検査済証印を付するものとし，当該定期検査済証印には，その定期検査を行った年月を表示するものとする。

**5**　計量法第24条の規定に基づき，定期検査に合格しなかった特定計量器に検定証印等が付されているときは，その検定証印等を除去する。

---

**題意**　定期検査に関する記述について，正誤を問うものである。（誤っているものを選ぶ。）

**解説**　**1**：指定定期検査機関の指定についての記述である。法第20条第1項および第2項の規定から，記述は正しい。

**2**：定期検査の対象となる特定計量器の事前調査についての記述である。法第21条第2項および第22条の規定から，記述は正しい。

**4**：定期検査に合格した特定計量器についての記述である。法第24条第1項および第2項の規定から，記述は正しい。

**5**：定期検査に合格しなかった特定計量器についての記述である。法第24条第3項の規定から，記述は正しい。

**3**：定期検査の合格条件は，法第23条第1項第一～三号でつぎのとおり規定されている。

第23条　定期検査を行った特定計量器が次の各号に適合するときは，合格とする。

一　検定証印等が付されていること。

二　その性能が経済産業省令で定める技術上の基準に適合すること。

三　その器差が経済産業省令で定める使用公差を超えないこと。

よって，「（前略）…その器差が経済産業省令で定める検定公差を超えないこと，がある。」の記述は，誤りである。

**正解**　**3**

---

**問 9**

指定定期検査機関の欠格事項について，次のア～オの記述のうち，計量法第27条各号の規定に該当しないものの組合せを一つ選べ。

ア　計量法又は計量法に基づく命令の規定に違反し，罰金以上の刑に処せられ，その執行を終わり，又は執行を受けることがなくなった日から2年を経過しない者

イ　計量法第38条の規定により指定を取り消され，その取消しの日から2年を経過しない者

ウ　法人であって，その業務を行う役員のうちに計量法又は計量法に基づく命令の規定に違反し，罰金以上の刑に処せられ，その執行を終わり，又は執行を受けることがなくなった日から2年を経過しない者があるもの

エ　法人であって，その業務を行う職員のうちに計量法第38条の規定により指定を取り消され，その取消しの日から2年を経過しない者があるもの

オ　法人であって，その業務を行うにあたり，品質管理の方法に関する事項（経済産業省令で定めるものに限る）に変更があったとき，あらかじめ，経済産業大臣に対してその旨の届け出をしなかったもの

**1**　ア，イ

**2**　ア，オ

**3**　イ，エ

**4**　ウ，オ

**5**　エ，オ

---

**題意**　指定定期検査機関の欠格事項の記述について正誤（該当するか，しないか）を問うものである。（該当しないものの組合せを選ぶ。）

**解説**　指定定期検査機関の欠格事項（指定を受けることができない者）について

は，法第27条第一～三号で定められている。

第27条　次の各号のいずれかに該当する者は，第20条第1項の指定を受けることができない。

一　この法律又はこの法律に基づく命令の規定に違反し，罰金以上の刑に処せられ，その執行を終わり，又は執行を受けることがなくなった日から2年を経過しない者

二　第38条の規定により指定を取り消され，その取消しの日から2年を経過しない者

三　法人であって，その業務を行う役員のうちに前二号のいずれかに該当する者があるもの

よって，アの記述は，第一号の規定から該当する。

イの記述は，第二号の規定から該当する。

ウの記述は，第三号および第一号の規定から該当する。

エの記述については，第三号で「法人であって，その業務を行う役員のうちに…（以下略）」と定められており，「法人であって，その業務を行う職員のうちに…（以下略）」とある記述は，該当しない。

オの記述については，法第27条の欠格条項に定められていない。また，指定定期検査機関の指定に際して品質管理の方法に関する事項の届出および変更の届出等は定められていない。したがって該当しない。

よって，該当しないものはエおよびオであり，**5**の組合せが正しい。

正解　**5**

## 問 10

特定計量器の製造又は修理（経済産業省令で定める軽微な修理を除く。）に関する次の記述の中から，誤っているものを一つ選べ。

**1**　届出製造事業者又は届出修理事業者は，特定計量器の修理をしたときは，経済産業省令で定める基準に従って，当該特定計量器の検査を行わなければならない。

**2**　届出製造事業者は，その届出に係る事業を廃止したときは，遅滞なく，

その旨を経済産業大臣に届け出なければならない。

**3**　届出修理事業者は，当該特定計量器の修理をしようとする事業所の名称又は所在地に変更があったときは，遅滞なく，その旨を都道府県知事（電気計器の届出修理事業者にあっては，経済産業大臣）に届け出なければならない。

**4**　届出製造事業者は，その届出に係る特定計量器の修理の事業を行うときは，修理の事業を行う旨を都道府県知事に届け出なければならない。

**5**　届出製造事業者又は届出修理事業者は，計量法第72条第2項の政令で定める特定計量器であって一定期間の経過後修理が必要となるものとして政令で定めるものについて，経済産業省令で定める基準に従って修理をしたときは，経済産業省令で定めるところにより，これに表示を付することができる。

---

**【題意】**　特定計量器の製造，修理に関する記述について，正誤を問うものである。（誤っているものを選ぶ。）

**【解説】**　**1**：特定計量器を修理したときの検査義務についての記述である。法第47条の規定から，記述は正しい。

**2**：製造事業の廃止の届出についての記述である。法第45条第1項の規定から，記述は正しい。

**3**：届出修理事業者の変更の届出についての記述である。法第46条第2項で準用する第42条第1項および第2項の規定から，記述は正しい。

**5**：一定期間の経過後修理が必要となる特定計量器についての記述である。法第50条第1項の規定から，記述は正しい。

**4**：届出製造事業者が修理の事業を行おうとするときは，法第46条第1項のただし書きで，つぎのとおり規定されている。

「ただし，届出製造事業者が第40条第1項の規定による届出に係る特定計量器の修理の事業を行おうとするときは，この限りでない。」

よって，「届出製造事業者は，その届出に係る特定計量器の修理の事業を行うときは，修理の事業を行う旨を都道府県知事に届け出なければならない。」とある記述は，誤りである。

**正　解**　**4**

**問　11**

特定計量器の販売，譲渡等に関する次の記述の中から，正しいものを一つ選べ。

**1**　政令で定める特定計量器の販売（輸出のための販売を除く。）の事業を行う者は，経済産業省令で定める事業の区分に従い，遅滞なく，氏名又は名称，事業の区分，当該特定計量器の販売をしようとする営業所の名称及び所在地を当該特定計量器の販売をしようとする営業所の所在地を管轄する都道府県知事に届け出なければならない。

**2**　販売事業者は，その届出に係る事業を廃止しようとするときは，あらかじめ，その旨を都道府県知事に届け出なければならない。

**3**　経済産業大臣，都道府県知事又は特定市町村の長は，販売事業者が計量法第52条第1項の経済産業省令で定める事項を遵守しないため，当該特定計量器に係る適正な計量の実施の確保に支障を生じていると認めるときは，当該販売事業者に対し，これを遵守すべきことを勧告することができる。

**4**　主として一般消費者の生活の用に供される特定計量器（計量法第57条第1項の政令で定める特定計量器を除く。）であって政令で定めるものの届出製造事業者は，当該特定計量器を販売する時までに，経済産業省令で定めるところにより，これに表示を付さなければならない。

**5**　酒精度浮ひょうは，計量法第57条の規定により譲渡等が制限されているため，検定証印等が付されているものでなければ，譲渡し，貸し渡し，又は修理を委託した者に引き渡してはならない。

**題　意**　特定計量器の販売の事業並びに特別な計量器に関する記述について，正誤を問うものである。（正しいものを選ぶ。）

**解　説**　**1**：特定計量器の販売の事業の届出については，法第51条第1項の柱書きで「(前略)…経済産業省令で定める事業の区分…(中略)…に従い，あらかじめ，次の事項を，当該特定計量器の販売をしようとする営業所の所在地を管轄する都道府県知事に届け出なければならない。…(以下略)」と定められている。「次の事項」とは，同条同項第一～三号で定められている，「氏名又は名称及び住所並びに法人にあっては，その代表者の氏名，事業の区分，当該特定計量器の販売をしようとする営業所の名称及び所在地」である。

よって，「(前略)…経済産業省令で定める事業の区分に従い，遅滞なく，氏名又は名称，事業の区分，…(以下略)」とある記述は誤りである。

**2**：販売の事業の廃止については，法第 51 条第 2 項で準用する第 45 条第 1 項の規定で「販売事業者は，その届出に係る事業を廃止したときは，遅滞なく，その旨を都道府県知事に届け出なければならない。」と定められている。よって，「(前略)…事業を廃止しようとするときは，あらかじめ，…(以下略)」とある記述は，誤りである。

**3**：販売事業者に対する勧告については，法第 52 条第 2 項で「都道府県知事は，販売事業者が…(中略)…当該販売事業者に対し，これを遵守すべきことを勧告することができる。」と定められている。よって，「経済産業大臣，都道府県知事又は特定市町村の長は，販売事業者が…(以下略)」とある記述は，誤りである。

**5**：法第 57 条第 1 項の規定により譲渡等が制限されている特定計量器は，同条同項の政令(法施行令第 15 条)で定められている「ガラス製体温計，抵抗体温計，アネロイド型血圧計」である。よって，「酒精度浮ひょうは，計量法第 57 条の規定により譲渡等が制限されているため，…(以下略)」とある記述は，誤りである。

**4**：主として一般消費者の生活の用に供される特定計量器(いわゆる家庭用計量器)に付さなければならない表示に関する記述である。法第 53 条第 1 項および第 54 条第 1 項の規定から，記述は正しい。

【正 解】 **4**

## 問 **12**

計量法第 72 条第 2 項において，構造，使用条件，使用状況等からみて，検定について有効期間を定めることが適当であると認められるものとして政令で定める特定計量器に該当する組合せとして，正しいものを一つ選べ。

ア　非自動はかり

イ　自動はかり

ウ　水道メーター

エ　比重浮ひょう

オ　アネロイド型血圧計

**1**　ア，ウ

**2**　ア，オ

**3**　イ，ウ

**4**　イ，オ

**5**　ウ，エ

---

【題 意】　検定証印の有効期間（検定の有効期間）が定められている特定計量器に該当するかどうかを問うものである。（該当する組合せとして，正しいものを選ぶ）

【解 説】　検定証印の有効期間が定められている特定計量器およびその有効期間は，法第 72 条第 2 項の政令（法施行令第 18 条の別表第 3）で規定されている。

アの「非自動はかり」は，定められていない。

イの「自動はかり」は，別表第 3 第一号イおよびロに定められている。

ウの「水道メーター」は，別表第 3 第二号イに定められている。

エの「比重浮ひょう」は，定められていない。

オの「アネロイド型血圧計」は，定められていない。

よって，検定証印の有効期間が定められている特定計量器に該当するものは，イの「自動はかり」およびウの「水道メーター」であり，**3** の組合せが正しい。

【正 解】　**3**

## 【問】13

特定計量器の型式の承認に関する次の記述の中から，正しいものを一つ選べ。

**1**　国内において特定計量器の製造の事業を行う者がその製造する特定計量器の型式の承認を受けるためには，届出製造事業者でなければならない。

**2**　型式の承認には有効期間の定めはないため，更新を受ける必要はない。

**3**　承認製造事業者が，有効期間のある特定計量器に付する計量法第 84 条第 1 項の表示には，その型式の有効期間満了の年を表示するものとする。

**4**　承認製造事業者の承認を取り消され，その取消しの日から 3 年を経過しない者は，型式の承認を受けることができない。

**5**　型式の承認を受けようとする届出製造事業者は，特定計量器を製造する工場又は事業場における品質管理の方法に関する事項（経済産業省令で定めるものに限る。）を記載した申請書を経済産業大臣に提出しなければならない。

---

**【題 意】**　特定計量器の型式の承認に関する記述について，正誤を問うものである。（正しいものを選ぶ。）

**【解 説】**　**2**：特定計量器の型式の承認は，法第 83 条第 1 項で「（前略）…特定計量器ごとに政令で定める期間ごとにその更新を受けなければ，その期間の経過によって，その効力を失う。」と規定されている。よって，「型式の承認には有効期間の定めはないため，更新を受ける必要はない。」とある記述は，誤りである。

**3**：型式承認表示については，法第 84 条第 1 項で「承認製造事業者又は承認輸入事業者は…（中略）…これに表示を付することができる。」と定められており，また，同条第 2 項で「第 50 条第 1 項の政令で定める特定計量器に付する前項の表示には，その表示を付した年を表示するものとする。」と定められている。

よって，「承認製造事業者が，有効期間のある特定計量器に付する計量法第 84 条第 1 項の表示には，その型式の有効期間満了の年を表示するものとする。」とある記述は，誤りである。

なお，第 50 条第 1 項の政令で定める特定計量器（有効期間のある特定計量器）とは，一定期間の経過後修理が必要となる特定計量器で，法施行令第 12 条で定められている。

**4**：型式の承認を受けることができない者については，法第 77 条第 1 項で「第 88 条（第 89 条第 4 項において準用する場合を含む。）又は第 89 条第 5 項の規定により承認を取り消され，その取消しの日から 1 年を経過しない者は，前条第 1 項の承認を受けることができない。」と定められている。よって，「（前略）…その取消しの日から 3 年を経過しない者は，…（以下略）」とある記述は，誤りである。

**5**：型式の承認を受けようとする届出製造事業者は，法第76条第2項第一～四号で定める事項を記載した申請書を経済産業大臣または日本電気計器検定所に提出しなければならない。

第76条　…略…

2　…略…

一　氏名又は名称及び住所並びに法人にあっては，その代表者の氏名

二　第40条第1項の経済産業省令で定める事業の区分

三　当該特定計量器を製造する工場又は事業場の名称及び所在地

四　第40条第1項の規定による届出の年月日

よって，「（前略）…特定計量器を製造する工場又は事業場における品質管理の方法に関する事項…（以下略）」とある記述は，誤りである。

**1**：製造事業者に係る型式の承認は，法第76条第1項で「届出製造事業者は，…（中略）…承認を受けることができる。」と定められている。届出製造事業者とは，法第40条第1項の規定による届出（特定計量器の製造事業の届出）をした者である。よって，記述は正しい。

【正解】**1**

## 問 **14**

指定製造事業者に関する次の記述の中から，誤っているものを一つ選べ。

**1**　経済産業大臣は，指定製造事業者の指定の申請に係る工場又は事業場における品質管理の方法が経済産業省令で定める基準に適合すると認めるときでなければ，その指定をしてはならない。

**2**　指定製造事業者の指定は，届出製造事業者又は外国製造事業者の申請により，計量法第40条第1項の経済産業省令で定める事業の区分に従い，その工場又は事業場ごとに行う。

**3**　指定製造事業者の指定を受けようとする外国製造事業者は，氏名又は名称，住所及び法人にあってはその代表者の氏名，事業の区分，計量法第40条第1項の規定による届出の年月日並びに品質管理の方法に関する事項を記載した申請書を経済産業大臣に提出しなければならない。

**4**　指定製造事業者は，申請に係る事項のうち，品質管理の方法に関する事項（経済産業省令で定めるものに限る。）について変更があったときは，遅滞なく，その旨を経済産業大臣に届け出なければならない。

**5**　届出製造事業者は，指定製造事業者の指定の申請に係る工場又は事業場における品質管理の方法について，当該特定計量器の検定を行う指定検定機関の行う調査を受けることができる。

---

**【題 意】**　指定製造事業者の指定に関する記述について，正誤を問うものである。（誤っているものを選ぶ。）

**【解 説】**　**1**：指定の基準についての記述である。法第92条第2項の規定から，記述は正しい。

**2**：法第16条第1項第二号ロの指定についての記述である。法第90条の規定から，記述は正しい。

**4**：指定製造事業者の変更の届出等についての記述である。法第94条第1項および第91条第1項第五号の規定から，記述は正しい。

**5**：品質管理の方法についての指定検定機関の調査についての記述である。法第93条第1項の規定から，記述は正しい。

**3**：外国製造事業者の指定の申請に関する記述である。法第101条第1項の規定により，指定申請にあたっては，第91条第1項第一～三号までおよび第五号の事項を記載した申請書を経済産業大臣に提出しなければならない。

第91条　…略…

一　氏名又は名称及び住所並びに法人にあっては，その代表者の氏名

二　事業の区分

三　工場又は事業場の名称及び所在地

四　第40条第1項の規定による届出の年月日

五　品質管理の方法に関する事項（経済産業省令で定めるものに限る。）

よって，まず第四号の「計量法第40条第1項の規定による届出の年月日」は，記載すべき事項として定められておらず，また第三号の「工場又は事業場の名称及び所在地」が抜けているため，記述は誤りである。

【正解】 **3**

## 【問】 **15**

基準器検査に関する次の記述の中から，誤っているものを一つ選べ。

**1**　経済産業省令で定める基準器については，基準器検査成績書にその用途又は使用の方法を記載する。

**2**　基準器検査の合格条件は，基準器検査を行った計量器の構造が経済産業省令で定める技術上の基準に適合し，かつ，その器差が経済産業省令で定める基準に適合することである。

**3**　基準器を貸し渡すときは，基準器検査成績書をともにしなければならない。

**4**　基準器検査を行った計量器の器差が経済産業省令で定める基準に適合するかどうかは，その計量器に計量法第144条第1項の登録事業者が交付した計量器の校正に係る同項の証明書が添付されているものは，当該証明書により定めることができる。

**5**　基準器検査証印の有効期間は，6年である。

---

【題意】 基準器検査に関する記述について，正誤を問うものである。（誤っているものを選ぶ。）

【解説】 基準器検査に関しては，法第102条から第105条に規定されている。

**1**：基準器検査成績書の記載についての記述である。法第105条第2項の規定から，記述は正しい。

**2**：基準器検査の合格条件についての記述である。法第103条第1項第一号および第二号の規定から，記述は正しい。

**3**：基準器を貸し渡すときの記述である。法第105条第4項の規定から，記述は正しい。

**4**：登録事業者が交付した計量器の校正に係る証明書の取扱いに関する記述である。法第103条第3項の規定から，記述は正しい。

**5**：基準器検査証印の有効期間（基準器の有効期間）は，法第104条第2項で「基準器検査証印の有効期間は，計量器の種類ごとに経済産業省令で定める期間とする。」と定められている。よって，「基準器検査証印の有効期間は，6年である。」とある記述は，誤りである。ちなみに，経済産業省令（基準器検査規則）で，温度基準器は5年，振動基準器は4年，などとなっている。

**正解** 5

**問 16**

計量証明の事業に関する次の記述の中から，誤っているものを一つ選べ。

**1**　都道府県知事は，計量証明事業者が計量法第109条に規定する計量証明事業の登録の基準に適合しなくなったと認めるときは，その計量証明事業者に対し，これらの規定に適合するために必要な措置をとるべきことを命ずることができる。

**2**　都道府県知事は，指定計量証明検査機関にその計量証明検査の業務の全部又は一部を行わせることとしたときは，当該検査業務の全部又は一部を行わないものとする。

**3**　計量証明の事業の登録を受けようとする者が，その申請書に記載することが必要な事項として，計量証明に使用する特定計量器その他の器具，機械又は装置であって経済産業省令で定めるものの名称，性能，構造及び数，がある。

**4**　計量証明事業者は，その計量証明の事業について計量証明を行ったときは，経済産業省令で定める事項を記載し，経済産業省令で定める標章を付した証明書を交付することができる。

**5**　事業規程の届出に関し，都道府県知事は，計量証明の適正な実施を確保する上で必要があると認めるときは，計量証明事業者に対し，事業規程の変更を命ずることができる。

**題意**　計量証明の事業に関する記述について，正誤を問うものである。（誤っているものを選ぶ。）

**解説**　**1**：計量証明事業者に対する適合命令についての記述である。法第111条の規定から，記述は正しい。

**2**：指定計量証明検査機関の検査業務についての記述である。法第117条第1項および第2項の規定から，記述は正しい。

**4**：計量証明事業者の証明書の交付についての記述である。法第110条の2第1項の規定から，記述は正しい。

**5**：計量証明事業者が届け出た事業規程の変更命令についての記述である。法第110条第1項および第2項の規定から，記述は正しい。

**3**：計量証明の事業の登録を受けようとする者が申請書に記載すべき事項は，法第108条第一～五号で定められている。

第108条　…略…

一　…略…

二　…略…

三　…略…

四　計量証明に使用する特定計量器その他の器具，機械又は装置であって経済産業省令で定めるものの名称，性能及び数

五　…（以下略）

よって，「計量証明の事業の登録を受けようとする者が，…（中略）…経済産業省令で定めるものの名称，性能，構造及び数，がある。」とある記述は，誤りである。

**正 解**　**3**

## 問 17

計量法第118条第1項に規定する計量証明検査の合格条件に関する次の記述の（ア）～（ウ）に入る語句の組合せとして，正しいものを一つ選べ。

第118条　計量証明検査を行った特定計量器が次の各号に適合するときは，合格とする。

一　（　ア　）（計量法第72条第2項の政令で定める特定計量器にあっては，有効期間を経過していないものに限る。）が付されていること。

二　その性能が経済産業省令で定める（　イ　）に適合すること。

三　その器差が経済産業省令で定める（　ウ　）を超えないこと。

| | (ア) | (イ) | (ウ) |
|---|---|---|---|
| **1** | 検定証印等 | 品質管理の基準 | 検定公差 |
| **2** | 計量証明検査済証印等 | 品質管理の基準 | 検定公差 |
| **3** | 検定証印等 | 技術上の基準 | 検定公差 |
| **4** | 検定証印等 | 技術上の基準 | 使用公差 |
| **5** | 計量証明検査済証印等 | 技術上の基準 | 使用公差 |

---

**題 意** 計量証明検査の合格条件について理解度を問うものである。(語句の組合せとして正しいものを選ぶ。)

**解 説** 計量証明検査の合格条件は，法第 118 条第 1 項第一～三号でつぎのとおり規定されている。

第 118 条 計量証明検査を行った特定計量器が次の各号に適合するときは，合格とする。

一 検定証印等（第 72 条第 2 項の政令で定める特定計量器にあっては，有効期間を経過していないものに限る。）が付されていること。

二 その性能が経済産業省令で定める技術上の基準に適合すること。

三 その器差が経済産業省令で定める使用公差を超えないこと。

よって，（ア）に入る語句は「検定証印等」，（イ）に入る語句は「技術上の基準」，（ウ）に入る語句は「使用公差」であり，**4** の語句の組合せが正しい。

**正 解** **4**

## 問 18

特定計量証明事業の認定に関する計量法第 121 条の 2 各号の下線部ア～ウのうち，誤っているもののみを全て挙げているものを一つ選べ。

一 特定計量証明事業を適正に行うに必要な ア：管理組織 を有するものであること。

二 特定計量証明事業を適確かつ円滑に行うに必要な イ：技術的能力 を有するものであること。

三 特定計量証明事業を適正に行うに必要な ウ：計量管理の方法 が定

められているものであること。

**1**　ア

**2**　イ

**3**　ウ

**4**　ア，イ

**5**　イ，ウ

**題意**　特定計量証明事業の認定の適合要件について理解度を問うものである。（誤っているもののみをすべて挙げているものを選ぶ。）

**解説**　特定計量証明事業の認定の適合要件については，法第 121 条の 2 第一～三号でつぎのとおり規定されている。

第 121 条の 2　…略…

一　特定計量証明事業を適正に行うに必要な管理組織を有するものであること。

二　特定計量証明事業を適確かつ円滑に行うに必要な技術的能力を有するものであること。

三　特定計量証明事業を適正に行うに必要な業務の実施の方法が定められているものであること。

よって，誤っているものはウの「計量管理の方法」であり，誤っているもののみをすべて挙げているのは **3** である。

**正解**　**3**

## 問 19

認定特定計量証明事業者に関する次のア～エの記述のうち，経済産業大臣がその認定を取り消すことができる事由として計量法第 121 条の 5 各号に規定するもののみを全て挙げている組合せを一つ選べ。

ア　認定特定計量証明事業者が，認定を受けるための要件である計量法第 121 条の 2 各号のいずれかに適合しなくなったとき。

イ　認定特定計量証明事業者が，計量証明に係る証明書以外のものに，経済産業省令で定める標章又はこれと紛らわしい標章を付したとき。

ウ　認定特定計量証明事業者において，認定を受けた事業の区分における計量管理を行う者として都道府県知事に届け出た計量士が，計量法又は同法に基づく命令の規定に違反したとき。

エ　認定特定計量証明事業者が，不正の手段により計量法第 121 条の 2 の認定又は同法第 121 条の 4 第 1 項の認定の更新を受けたとき。

**1**　ア，エ

**2**　ア，イ，ウ

**3**　ア，イ，エ

**4**　ア，ウ，エ

**5**　イ，ウ，エ

---

**【題 意】**　認定特定計量証明事業者の認定の取消し事由について理解度を問うものである。(規定するもののみをすべて挙げている組合せを選ぶ。)

**【解 説】**　認定特定計量証明事業者の認定の取消しについては，法第 121 条の 5 で規定されている。

第 121 条の 5　経済産業大臣は，認定特定計量証明事業者が次の各号のいずれかに該当するときは，その認定を取り消すことができる。

一　第 121 条の 2 各号のいずれかに適合しなくなったとき。

二　不正の手段により第 121 条の 2 の認定又は前条第 1 項の認定の更新を受けたとき。

アの記述は，第一号に規定されている。

イの記述は，規定されていない。

ウの記述は，規定されていない。

エの記述は，第二号に規定されている。

よって，アおよびエの記述が規定されているものであり，規定するもののみをすべて挙げている組合せは **1** である。

**【正 解】**　**1**

**問 20**

計量士に関する次のア～エの記述のうち，誤っているもののみを全て挙げている組合せを一つ選べ。

ア　計量法第 147 条第 1 項の規定に基づき，経済産業大臣又は都道府県知事若しくは特定市町村の長は，計量法の施行に必要な限度において，計量士に対し，特定計量器の使用の状況に関し報告させることができる。

イ　計量士が特定計量器の検査を行い計量法第 25 条第 1 項の規定を満たすときは，都道府県知事又は特定市町村の長が行う定期検査を受けることを要しない。

ウ　計量士であれば，都道府県知事が行う特定計量器の検定を代わりに行うことができる。

エ　計量士の登録を受けるためには，計量士国家試験に合格していること又は計量行政審議会の認定を受けていることが必要である。

**1**　ア，イ

**2**　ア，ウ

**3**　ア，エ

**4**　イ，ウ

**5**　イ，エ

**題意**　計量士に関する記述について正誤を問うものである。（誤っているもののみをすべて挙げている組合せを選ぶ。）

**解説**　アは，計量士に対する報告の徴収についての記述である。法第 147 条第 1 項の規定に基づき計量士から報告させることができる事項は，同条同項の政令（施行令第 39 条）の別表第 6 で，「特定計量器の検査の業務の状況」と定められている。よって，「（前略）…特定計量器の使用の状況に関し報告させることができる。」とある記述は，誤りである。

イは，定期検査に代わる計量士による検査と定期検査を受けることを要しない特定計量器についての記述である。法第 25 条第 1 項の規定から，記述は正しい。

ウは，計量士と検定に関する記述である。法において「計量士が都道府県知事に代わり検定を行うことができる」という規定はない。記述は誤りである。

エは，計量士の登録を受けることができる者についての記述である。法第 122 条第 2 項の規定から，記述は正しい。なお，計量士国家試験に合格した者は，経済産業省令で定める実務の経験その他の条件に適合していなければならない。

よって，アおよびウの記述が誤りであり，誤っているもののみをすべて挙げている組合せは，**2** である。

【正 解】 **2**

---

## 問 21

計量法第 123 条に規定する計量士の登録の取消し等に関する次の記述の（ア）～（ウ）に入る語句の組合せとして，正しいものを一つ選べ。

第 123 条　（　ア　）は，計量士が次の各号の一に該当するときは，その登録を取り消し，又は 1 年以内の期間を定めて，計量士の（　イ　）の停止を命ずることができる。

一　この法律又はこの法律に基づく命令の規定に違反したとき。

二　前号に規定する場合のほか，特定計量器の（　ウ　）の業務について不正の行為をしたとき。

三　（略）

| | （ア） | （イ） | （ウ） |
|---|---|---|---|
| **1** | 経済産業大臣 | 業務 | 検査 |
| **2** | 経済産業大臣又は都道府県知事 | 業務 | 校正 |
| **3** | 経済産業大臣 | 名称の使用 | 検査 |
| **4** | 経済産業大臣 | 名称の使用 | 校正 |
| **5** | 経済産業大臣又は都道府県知事 | 名称の使用 | 検査 |

---

【題 意】 計量士の登録の取消し等について理解度を問うものである。（語句の組合せとして正しいものを選ぶ。）

【解 説】 計量士の登録の取消し等については，法第 123 条でつぎのとおり規定されている。

第 123 条　経済産業大臣は，計量士が次の各号の一に該当するときは，その登録を取り消し，又は 1 年以内の期間を定めて，計量士の名称の使用の停止を命ずることができる。

一　この法律又はこの法律に基づく命令の規定に違反したとき。

二　前号に規定する場合のほか，特定計量器の検査の業務について不正の行為をしたとき。

三　不正の手段により前条第 1 項の登録を受けたとき。

よって，（ア）に入る語句は「経済産業大臣」，（イ）に入る語句は「名称の使用」，（ウ）に入る語句は「検査」であり，**3** の語句の組合せが正しい。

**正 解**　**3**

## 問 22

適正計量管理事業所に関する次の記述の中から，誤っているものを一つ選べ。

**1**　適正計量管理事業所の指定を受けた者は，当該適正計量管理事業所において，経済産業省令で定める様式の標識を掲げることができる。

**2**　適正計量管理事業所の指定を受けた者は，経済産業省令で定めるところにより，帳簿を備え，当該適正計量管理事業所において使用する特定計量器について計量士が行った検査の結果を記載し，これを保存しなければならない。

**3**　経済産業大臣は，適正計量管理事業所の指定を受けた者が計量法第 128 条に規定する指定の基準に適合しなくなったと認めるときは，その者に対し，その指定を取り消すことができる。

**4**　適正計量管理事業所の指定の申請をした者は，遅滞なく，当該事業所における計量管理の方法について，当該都道府県知事又は特定市町村の長が行う検査を受けなければならない。

**5**　適正計量管理事業所の指定を受けるための申請書に記載することが必要な事項として，使用する特定計量器の検査を行う計量士の氏名，登録番号及び計量士の区分，がある。

---

**題意**　適正計量管理事業所に関する記述について，正誤を問うものである。(誤っているものを選ぶ。)

**解説**　**1**：標識についての記述である。法第130条第1項の規定から，記述は正しい。

**2**：帳簿の記載等についての記述である。法第129条の規定から，記述は正しい。

**4**：計量管理の方法の検査についての記述である。法第127条第3項の規定から，記述は正しい。

**5**：指定を受けるための申請書に記載すべき事項についての記述である。法第127条第2項の柱書きおよび第四号の規定から，記述は正しい。

**3**：適正計量管理事業所の指定の取消しについては，法第132条でつぎのとおり規定されている。

第132条　経済産業大臣は，第127条第1項の指定を受けた者が次の各号の一に該当するときは，その指定を取り消すことができる。

一　第130条第2項又は次条において準用する第62条第1項の規定に違反したとき。

二　次条において準用する第92条第1項第一号又は第三号に該当するに至ったとき。

三　前条の規定による命令に違反したとき。

四　不正の手段により第127条第1項の指定を受けたとき。

よって，「経済産業大臣は，…（中略）…計量法第128条に規定する指定の基準に適合しなくなったと認めるときは，その者に対し，…（以下略）」とある記述は誤りである。

なお，第131条（第三号にある前条）で経済産業大臣は，適正計量管理事業所の指定を受けた者が第128条各号（指定の基準）に適合しなくなったと認めるときは，その者に対し，これらの規定に適合するために必要な措置をとるべきことを命ずることができる，と定められている。この命令に違反したときは，第三号に該当することになり，取り消すことができる。

**正解**　**3**

**問 23**

計量法第143条第1項の登録を受けた計量器の校正等の事業を行う者は，同法第144条第1項の規定により計量器の校正等を行ったときは，経済産業省令で定める標章を付した証明書を交付することができるとされているが，この証明書に用いる標章を，次の中から一つ選べ。

**1** 

**2** 

**3** 

**4** 

**5** 

**題 意**　登録事業者が交付する証明書に付す標章について理解度を問うものである。（正しいものを選ぶ。）

**解 説**　**1**：産業標準化法試験事業者登録制度（JNLA）による標章である。独立行政法人製品評価技術基盤機構の登録（任意）を受けた試験事業者が，この標章を付した証明書を発行することができる。

**2**：法第121条の3で定められている標章である。認定特定計量証明事業者が認定を受けた事業の区分に係る計量証明を行ったときに，この標章を付した証明書を交付することができる。

**3**：法第136条第1項で定められている標章である。経済産業大臣，日本電気計器検定所または指定校正機関が，特定標準器による校正等を行ったときに，この標章を付した証明書を交付する。

**5**：法第104条第1項で定められている基準器検査証印である。基準器検査に合格した計量器（基準器）に付する。

**4**：法第 144 条第 1 項で定められている標章である。同条同項により，計量器の校正等の事業を行う者として第 143 条第 1 項の登録を受けた者（登録事業者）は，計量器の校正等を行ったときは，経済産業省令で定める事項を記載し，経済産業省令で定める標章を付した証明書を交付することができる。

【正 解】 **4**

---

### 問 24

計量器の校正に関する次の記述の（ア）～（ウ）に入る語句の組合せとして，正しいものを一つ選べ。

計量法において，「計量器の校正」とは，その計量器の表示する物象の状態の量と計量法第 134 条第 1 項の規定による指定に係る計量器が（　ア　）する計量器の（　イ　）となる特定の物象の状態の量との差を（　ウ　）ことをいう。

| | （ア） | （イ） | （ウ） |
|---|---|---|---|
| **1** | 現示 | 標準 | 測定する |
| **2** | 現示 | 基準 | 測定する |
| **3** | 現示 | 標準 | 改める |
| **4** | 表示 | 基準 | 改める |
| **5** | 表示 | 標準 | 改める |

---

【題 意】 「計量器の校正」の定義並びに特定標準器などに関して理解度を問うものである。（語句の組合せとして正しいものを選ぶ。）

【解 説】 「計量器の校正」の定義については，法第 2 条第 7 項でつぎのとおり規定されている。

第 2 条　…略…

7　この法律において，「計量器の校正」とは，その計量器の表示する物象の状態の量と第 134 条第 1 項の規定による指定に係る計量器又は同項の規定による指定に係る器具，機械若しくは装置を用いて製造される標準物質が現示する計量器の標準となる特定の物象の状態の量との差を測定することをいう。

よって，（ア）に入る語句は「現示」，（イ）に入る語句は「標準」，（ウ）に入る語句は

「測定する」であり，**1** の語句の組合せが正しい。

なお，法第 134 条第 1 項の規定はつぎのとおりである。

第 134 条　経済産業大臣は，計量器の標準となる特定の物象の状態の量を現示する計量器又はこれを現示する標準物質を製造するための器具，機械若しくは装置を指定するものとする。

この指定に係る計量器を「特定標準器」といい，指定に係る器具，機械もしくは装置を用いて製造される標準物質を「特定標準物質」という。

**正解**　**1**

## 問 25

計量法の雑則及び罰則に関する次の記述の中から，正しいものを一つ選べ。

**1**　都道府県知事は，計量法の施行に必要な限度において，その職員に，指定検定機関，特定計量証明認定機関又は指定校正機関の事務所又は事業所に立ち入り，帳簿，書類その他の物件を検査することができる。

**2**　計量士が特定計量器の検査の業務について不正の行為をした場合，経済産業大臣から勧告を受けるが，登録が取り消されることはない。

**3**　経済産業大臣は，計量法の施行に必要な限度において，指定検定機関に対して，その業務の状況に関して報告をさせることができるが，経理の状況については報告させることはできない。

**4**　経済産業大臣は，計量法第 148 条第 1 項（立入検査）の規定に基づきその職員に検査させた場合において，その所在の場所において検査させることが著しく困難であると認められる計量器があったときは，その所有者又は占有者に対し，期限を定めて，これを提出すべきことを命ずることができ，国は当該命令によって生じた損失を所有者又は占有者に対し補償しなければならない。

**5**　経済産業大臣又は都道府県知事は，計量法の施行に必要な限度において，その職員に，計量器の販売の事業を行う者の事業所に立ち入り，計量器，帳簿，書類その他の物件を検査させることができるが，特定市町村の長は，その職員に計量器の販売の事業を行う者の事業所に立ち入り，検査させることはできない。

---

**【題 意】** 法の雑則および罰則に関する記述に関して，正誤を問うものである。（正しいものを選ぶ。）

**【解 説】** **1**：立入検査の権限についての記述である。法第 148 条第 2 項で「経済産業大臣は，…（中略）…その職員に，指定検定機関，特定計量証明認定機関又は指定校正機関の事務所又は事業所に立ち入り，…（以下略）」と定められている。よって，「都道府県知事は，…（以下略）」とある記述は，誤りである。

**2**：計量士の登録の取消しについての記述である。法第 123 条の柱書きおよび同条第二号でつぎのとおり定められている。

第 123 条　経済産業大臣は，計量士が次の各号の一に該当するときは，その登録を取り消し，又は 1 年以内の期間を定めて，計量士の名称の使用の停止を命ずることができる。

一　…略…

二　前号に規定する場合のほか，特定計量器の検査の業務について不正の行為をしたとき。

三　…（以下略）

よって，「計量士が…（中略）…経済産業大臣から勧告を受けるが，登録が取り消されることはない。」とある記述は，誤りである。

**3**：報告の徴収に係る報告対象者と報告の内容についての記述である。法第 147 条第 2 項で「経済産業大臣は，…（中略）…指定検定機関…（中略）…に対し，その業務又は経理の状況に関し報告させることができる。」と定められている。よって，「（前略）…その業務の状況に関して報告させることができるが，経理の状況については報告させることはできない。」とある記述は，誤りである。

**5**：自治体の立入検査の権限についての記述である。法第 148 条第 1 項で「経済産業大臣又は都道府県知事若しくは特定市町村の長は，…（中略）…その職員に，…（中略）…計量器の販売の事業を行う者，…（中略）…の工場，事業場，営業所，事務所，事業所又は倉庫に立ち入り，…（中略）…検査させ，又は関係者に質問させることができる。」と定められている。よって，「経済産業大臣又は都道府県知事は，…（中略）…

検査させることができるが，特定市町村の長は，…（中略）…検査させることはできない。」とある記述は，誤りである。

**4**：立入検査に係る計量器等の提出および損失の補償についての記述である。法第 149 条第 1 項および第 3 項の規定から，記述は正しい。

【正 解】 **4**

## 1.3　第73回（令和4年12月実施）

**問 1**

計量法の目的及び定義に関する次の記述の中から，誤っているものを一つ選べ。

**1**　計量器の製造には，経済産業省令で定める改造が含まれ，計量器の修理には，当該経済産業省令で定める改造以外の改造が含まれる。

**2**　計量法は，計量の基準を定め，適正な計量の実施を確保し，もって経済の発展及び文化の向上に寄与することを目的とする。

**3**　車両若しくは船舶の運行又は火薬，ガスその他の危険物の取扱いに関して人命又は財産に対する危険を防止するためにする計量であって政令で定めるものは，計量法の適用に関しては，証明とみなす。

**4**　計量法において，「取引」とは，物又は役務の給付を目的とする業務上の行為をいい，無償の場合は含まれない。

**5**　計量法において，「標準物質」とは，政令で定める物象の状態の量の特定の値が付された物質であって，当該物象の状態の量の計量をするための計量器の誤差の測定に用いるものをいう。

---

**題意**　計量法（以下「法」という。）第1条の目的および第2条各項に規定する用語の定義等に関する記述について，正誤を問うものである。（誤っているものを選ぶ。）

**解説**　**1**：計量器の「製造」，「改造」，「修理」についての記述である。法第2条第5項の規定から，記述は正しい。

**2**：法の目的についての記述である。法第1条の規定から，記述は正しい。

**3**：証明とみなす計量についての記述である。法第2条第3項の規定から，記述は正しい。

**4**：法における「取引」については，法第2条第2項で，「この法律において「取引」とは，有償であると無償であるとを問わず，物又は役務の給付を目的とする業務上の行為をいい，…（以下略）」と規定されている。

よって，「（前略）…無償の場合は含まれない。」とある記述は，誤りである。

**5**：「標準物質」についての記述である。法第2条第6項の規定から，記述は正しい。

**正解**　**4**

## 問 2

計量法第2条第4項に規定する特定計量器の定義に関する次の記述の（ア）～（ウ）に入る語句の組合せとして，正しいものを一つ選べ。

「特定計量器」とは，取引若しくは証明における計量に使用され，又は主として一般消費者の生活の用に供される計量器のうち，適正な計量の実施を確保するためにその（　ア　）又は器差に係る（　イ　）を定める必要があるものとして（　ウ　）で定めるものをいう。

| | （ア） | （イ） | （ウ） |
|---|---|---|---|
| **1** | 構造 | 標準 | 政令 |
| **2** | 製造 | 標準 | 経済産業省令 |
| **3** | 構造 | 基準 | 政令 |
| **4** | 製造 | 標準 | 政令 |
| **5** | 構造 | 基準 | 経済産業省令 |

**題意**　法第2条第4項に規定する特定計量器の定義について，理解度を問うものである。（語句の組合せとして正しいものを選ぶ。）

**解説**　「特定計量器」の定義は，法第2条第4項でつぎのとおり規定されている。

第2条

4　この法律において「計量器」とは，計量をするための器具，機械又は装置をいい，「特定計量器」とは，取引若しくは証明における計量に使用され，又は主として一般消費者の生活の用に供される計量器のうち，適正な計量の実施を確保するためにその構造又は器差に係る基準を定める必要があるものとして政令で定めるものをいう。

よって，（ア）に入る語句は「構造」，（イ）に入る語句は「基準」，（ウ）に入る語句は「政令」であり，**3**の語句の組合せが正しい。

**正解**　**3**

## 問 3

次に示す法定計量単位とその物象の状態の量との組合せとして，正しいものを一つ選べ。

| | (法定計量単位) | (物象の状態の量) |
|---|---|---|
| **1** | メートル毎秒 | 加速度 |
| **2** | グレイ | 放射能 |
| **3** | トン | 力 |
| **4** | ルクス | 光度 |
| **5** | クーロン | 電気量 |

**【題 意】** 「法定計量単位」と「物象の状態の量」との組合せについて，正誤を問うものである。(正しいものを選ぶ。)

**【解 説】** 法定計量単位は，法第3～5条に規定されている計量単位である。

第3条および第4条の「計量単位」と「物象の状態の量」については，法別表第1から第3に掲げられている。

**1**：「メートル毎秒」は「速さ」の計量単位の一つである。「加速度」の計量単位は「メートル毎秒毎秒」である。よって，「メートル毎秒」と「加速度」の組合せは誤りである。

**2**：「グレイ」は，「吸収線量」の計量単位の一つであり，また「カーマ」の計量単位である。「放射能」の計量単位は「ベクレル，キュリー」である。よって，「グレイ」と「放射能」の組合せは誤りである。

**3**：「トン」は「質量」の計量単位の一つである。「力」の計量単位は「ニュートン」である。よって，「トン」と「力」の組合せは誤りである。

**4**：「ルクス」は「照度」の計量単位である。「光度」の計量単位は「カンデラ」である。よって，「ルクス」と「光度」の組合せは誤りである。

**5**：「クーロン」と「電気量」の組合せは，別表第1に掲げられており，正しい。

**【正 解】** **5**

## 問 4

計量法第8条に規定する非法定計量単位の使用の禁止に関する次の記述の

（ア）～（ウ）に入る語句の組合せとして，正しいものを一つ選べ。

第8条　第3条から第5条までに規定する計量単位（以下「法定計量単位」という。）以外の計量単位（以下「非法定計量単位」という。）は，第2条第1項第1号に掲げる物象の状態の量について，取引又は証明に用いてはならない。

2　第5条第2項の政令で定める計量単位は，同項の政令で定める特殊の計量に係る取引又は証明に用いる場合（　ア　），取引又は証明に用いてはならない。

3　前2項の規定は，次の取引又は証明に（　イ　）。

一　輸出すべき貨物の取引又は証明

二　（　ウ　）に係る取引又は証明

三　日本国内に住所又は居所を有しない者その他の政令で定める者相互間及びこれらの者とその他の者との間における取引又は証明であって政令で定めるもの

| | （ア） | （イ） | （ウ） |
|---|---|---|---|
| **1** | 以外は | 限り，適用する | 貨物の輸入 |
| **2** | でなければ | ついては，適用しない | 貨物の輸入 |
| **3** | でなければ | 準用する | 輸入すべき貨物の設計 |
| **4** | 以外は | 準用する | 日本船舶以外の船舶の修理 |
| **5** | 以外は | ついては，適用しない | 輸入すべき貨物の設計 |

---

**題意**　非法定計量単位の使用の禁止に関して，理解度を問うものである。（語句の組合せとして正しいものを選ぶ。）

**解説**　非法定計量単位の使用の禁止については，法第8条第1～3項でつぎのとおり規定されている。

第8条　第3条から第5条までに規定する計量単位（以下「法定計量単位」という。）以外の計量単位（以下「非法定計量単位」という。）は，第2条第1項第一号に掲げる物象の状態の量について，取引又は証明に用いてはならない。

2　第5条第2項の政令で定める計量単位は，同項の政令で定める特殊の計量に係る取引又は証明に用いる場合でなければ，取引又は証明に用いてはならない。

3　前2項の規定は，次の取引又は証明については，適用しない。

一　輸出すべき貨物の取引又は証明

二　貨物の輸入に係る取引又は証明

三　日本国内に住所又は居所を有しない者その他の政令で定める者相互間及びこれらの者とその他の者との間における取引又は証明であって政令で定めるもの

よって，（ア）に入る語句は「でなければ」，（イ）に入る語句は「ついては，適用しない」，（ウ）に入る語句は「貨物の輸入」であり，**2** の語句の組合せが正しい。

**正解**　**2**

## 問 5

計量法第10条に規定する正確な計量に関する次の記述の（ア）～（ウ）に入る語句の組合せとして，正しいものを一つ選べ。

第10条　物象の状態の量について，法定計量単位により取引又は証明における計量をする者は，正確にその物象の状態の量の計量を（　ア　）。

2　都道府県知事又は政令で定める市町村若しくは特別区（以下「特定市町村」という。）の長は，前項に規定する者が同項の規定を遵守していないため，適正な計量の実施の確保に著しい支障を生じていると認めるときは，その者に対し，必要な措置をとるべきことを（　イ　）することができる。ただし，第15条第1項の規定により（　イ　）することができる場合は，この限りでない。

3　都道府県知事又は特定市町村の長は，前項の規定による（　イ　）をした場合において，その（　イ　）を受けた者がこれに従わなかったときは，その旨を（　ウ　）することができる。

| | （ア） | （イ） | （ウ） |
|---|---|---|---|
| **1** | しなければならない | 勧告 | 指導 |
| **2** | するように努めなければならない | 勧告 | 公表 |

| | | | |
|---|---|---|---|
| **3** | しなければならない | 指導 | 勧告 |
| **4** | するように努めなければならない | 指導 | 公表 |
| **5** | しなければならない | 指導 | 公表 |

---

【題　意】 正確な計量について，理解度を問うものである。（語句の組合せとして正しいものを選ぶ。）

【解　説】 正確な計量については，法第10条第1～3項でつぎのとおり規定されている。

第10条　物象の状態の量について，法定計量単位により取引又は証明における計量をする者は，正確にその物象の状態の量の計量をするように努めなければならない。

2　都道府県知事又は政令で定める市町村若しくは特別区（以下「特定市町村」という。）の長は，前項に規定する者が同項の規定を遵守していないため，適正な計量の実施の確保に著しい支障を生じていると認めるときは，その者に対し，必要な措置をとるべきことを勧告することができる。ただし，第15条第1項の規定により勧告することができる場合は，この限りでない。

3　都道府県知事又は特定市町村の長は，前項の規定による勧告をした場合において，その勧告を受けた者がこれに従わなかったときは，その旨を公表することができる。

よって，（ア）に入る語句は「するように努めなければならない」，（イ）に入る語句は「勧告」，（ウ）に入る語句は「公表」であり，**2**の語句の組合せが正しい。

【正　解】 **2**

---

## 問 6

計量法第12条第1項に規定する商品の販売に係る計量に関する次の記述の（ア）～（ウ）に入る語句の組合せとして，正しいものを一つ選べ。

第12条　政令で定める商品（以下「（　ア　）」という。）の販売の事業を行う者は，（　ア　）をその（　イ　）（（　ア　）ごとに政令で定める物象の状態の量をいう。以下同じ。）を法定計量単位により示して販売するときは，政令で定める誤差（以下「(　ウ　)」という。）を超えないように，その(　イ　)の計量をしなければならない。

| | (ア) | (イ) | (ウ) |
|---|---|---|---|
| **1** | 特走商品 | 特定物象量 | 量目公差 |
| **2** | 特走商品 | 指定物象量 | 量目誤差 |
| **3** | 指定商品 | 指定物象量 | 量目誤差 |
| **4** | 指定商品 | 指定物象量 | 量目公差 |
| **5** | 指定商品 | 特定物象量 | 量目誤差 |

---

**【題 意】**　商品の販売に係る計量に関する規定ついて，理解度を問うものである。（語句の組合せとして正しいものを選ぶ。）

**【解 説】**　商品の販売に係る計量に関する規定のうち，「特定商品」の計量については，法第12条第1～3項で定められている。

第12条　政令で定める商品（以下「特定商品」という。）の販売の事業を行う者は，特定商品をその特定物象量（特定商品ごとに政令で定める物象の状態の量をいう。以下同じ。）を法定計量単位により示して販売するときは，政令で定める誤差（以下「量目公差」という。）を超えないように，その特定物象量の計量をしなければならない。

2　…略…

3　…（以下略）

よって，（ア）に入る語句は「特定商品」，（イ）に入る語句は「特定物象量」，（ウ）に入る語句は「量目公差」であり，**1** の語句の組合せが正しい。

**【正 解】**　**1**

## 【問】7

次の計量器を取引又は証明における法定計量単位による計量に使用する場合，検定証印又は基準適合証印が付される必要のないものを一つ選べ。

**1**　騒音計

**2**　巻尺

**3**　タクシーメーター

**4**　最大需要電力計

**5**　皮革面積計

---

**【題 意】**　計量器等の使用の制限について，理解度を問うものである。（検定証印等が付される必要のないものを選ぶ，すなわち計量器であるが特定計量器として定められていないものを選ぶものである。）

**【解 説】**　計量器等の使用の制限に関しては，法第16条第1～3項で規定されている。

第16条　次の各号の一に該当するもの（船舶の喫水により積載した貨物の質量の計量をする場合におけるその船舶及び政令で定める特定計量器を除く。）は，取引又は証明における法定計量単位による計量（第2条第1項第二号に掲げる物象の状態の量であって政令で定めるものの第6条の経済産業省令で定める計量単位による計量を含む。第18条，第19条第1項及び第151条第1項において同じ。）に使用し，又は使用に供するために所持してはならない。

一　計量器でないもの

二　次に掲げる特定計量器以外の特定計量器

イ　経済産業大臣，都道府県知事，日本電気計器検定所又は経済産業大臣が指定した者（以下「指定検定機関」という。）が行う検定を受け，これに合格したものとして第72条第1項の検定証印が付されている特定計量器

ロ　経済産業大臣が指定した者が製造した特定計量器であって，第96条第1項（第101条第3項において準用する場合を含む。次号において同じ。）の表示が付されているもの

三　第72条第2項の政令で定める特定計量器で同条第1項の検定証印又は第96条第1項の表示（以下「検定証印等」という。）が付されているものであって検定証印等の有効期間を経過したもの

2　…略…

3　…（以下略）

上記条項から，特定計量器（政令で定める特定計量器を除く。）を取引または証明における法定計量単位による計量に使用し，または使用に供するために所持する場合は，

検定証印等が付されているものでなければならない。これに該当するのは **1**，**3**，**4**，**5** である。

検定証印等が付される必要のないものは，計量器であるが特定計量器として政令（法施行令第 2 条）で定められていないものである。**2** の巻尺がこれに該当する。

**正 解**　**2**

## 問 8

定期検査の対象となる特定計量器及び実施時期を規定した計量法施行令に関する次の記述の（ア）～（ウ）に入る語句の組合せとして，正しいものを一つ選べ。

（定期検査の対象となる特定計量器）

第 10 条　計量法第 19 条第 1 項の政令で定める特定計量器は，次のとおりとする。

一　（　ア　）（第 5 条第 1 号又は第 2 号に掲げるものを除く。以下同じ。），分銅及びおもり

二　（　イ　）

（定期検査の実施時期）

第 11 条　計量法第 21 条第 1 項の政令で定める期間は，（　ア　），分銅及びおもりにあっては 2 年とし，（　イ　）にあっては（　ウ　）とする。

| | （ア） | （イ） | （ウ） |
|---|---|---|---|
| **1** | 自動捕捉式はかり | 皮革面精計 | 1 年 |
| **2** | 自動捕捉人はかり | 抵抗体温計 | 3 年 |
| **3** | 非自動はかり | 皮革面積計 | 1 年 |
| **4** | 非自動はかり | 抵抗体温計 | 1 年 |
| **5** | 非自動はかり | 皮革面梢計 | 3 年 |

**題 意**　定期検査の対象となる特定計量器及び定期検査の実施時期について，理解度を問うものである。（語句の組合せとして正しいものを選ぶ。）

**解説** 定期検査の対象となる特定計量器は，法第 19 条第 1 項の政令（法施行令第 10 条第 1 項）で，また，定期検査の実施時期は，法第 21 条第 1 項の政令（法施行令第 11 条）で定められている。

第 10 条　法第 19 条第 1 項の政令で定める特定計量器は，次のとおりとする。

一　非自動はかり（第 5 条第一号又は第二号に掲げるものを除く。以下同じ。），分銅及びおもり

二　皮革面積計

第 11 条　法第 21 条第 1 項の政令で定める期間は，非自動はかり，分銅及びおもりにあっては 2 年とし，皮革面積計にあっては 1 年とする。

よって，（ア）に入る語句は「非自動はかり」，（イ）に入る語句は「皮革面積計」，（ウ）に入る語句は「1 年」であり，**3** の語句の組合せが正しい。

**正解** **3**

## 問 9

計量法第 36 条に規定する指定定期検査機関の役員及び職員の地位に関する次の記述の（ア）～（ウ）に入る語句の組合せとして，正しいものを一つ選べ。

第 36 条　検査業務に従事する指定定期検査機関の役員又は職員は，（　ア　）その他の罰則の適用については，法令により（　イ　）に従事する職員と（　ウ　）。

| | （ア） | （イ） | （ウ） |
|---|---|---|---|
| **1** | 刑法 | 公務 | みなす |
| **2** | 刑法 | 私務 | みなす |
| **3** | 計量法 | 公務 | みなす |
| **4** | 計量法 | 私務 | する |
| **5** | 計量法 | 公務 | する |

**題意** 指定定期検査機関の役員及び職員の地位について，理解度を問うものである。（語句の組合せとして正しいものを選ぶ。）

**解説** 指定定期検査機関の役員及び職員の地位については，法第 36 条でつぎの

とおり定められている。

第 36 条　検査業務に従事する指定定期検査機関の役員又は職員は，刑法（明治 40 年法律第四十五号）その他の罰則の適用については，法令により公務に従事する職員とみなす。

よって，（ア）に入る語句は「刑法」，（イ）に入る語句は「公務」，（ウ）に入る語句は「みなす」であり，**1** の語句の組合せが正しい。

【正解】 **1**

## 問 10

計量法第 50 条第 1 項で規定する一定期間の経過後修理が必要となる特定計量器として誤っているものを，次の中から一つ選べ。

**1**　ガスメーター

**2**　水道メーター

**3**　照度計

**4**　電力量計

**5**　積算熱量計

【題意】 一定期間の経過後，修理が必要となる特定計量器について，理解度を問うものである。（誤っているものを選ぶ。）

【解説】 検定について有効期間が定められている特定計量器の中で，一定期間の経過後，修理が必要となる特定計量器については，法施行令第 12 条で定められている。

第 12 条　法第 50 条第 1 項の政令で定める特定計量器は，別表第 3 第二号イ，ロ，ハ (1) 及びホ並びに第三号から第六号までに掲げるものとする。

**1**：ガスメーターは，別表第 3 第二号ホに掲げられている。

**2**：水道メーターは，別表第 3 第二号イに掲げられている。

**3**：照度計は，掲げられていない。

**4**：電力量計は，別表第 3 第五号に掲げられている。

**5**：積算熱量計は，別表第 3 第三号に掲げられている。

よって，誤っているもの，即ち一定期間の経過後修理が必要となる特定計量器として定められていないものは，**3**の照度計である。

なお，照度計の検定証印の有効期間は2年である。

【正解】 **3**

### 問 11

計量法第18条の使用方法等の制限の対象となる特定計量器として誤っているものを，次の中から一つ選べ。

**1**　水道メーター

**2**　燃料油メーター

**3**　ガスメーター

**4**　酒精度浮ひょう

**5**　最大需要電力計

【題意】 特定計量器の使用方法等の制限について，理解度を問うものである。（誤っているものを選ぶ。）

【解説】 法第18条の使用方法等の制限の対象となる特定計量器は，法施行令第9条で定められている。

第9条　法第18条の政令で定める特定計量器は別表第2の上欄に掲げるものとし，これらを取引又は証明における法定計量単位による計量に使用するときは，それぞれ同表の下欄に掲げるところにより使用しなければならない。

**1**：水道メーターは，別表第2の上欄第一号に掲げられている。

**2**：燃料油メーターは，別表第2の上欄第二号に掲げられている。

**3**：ガスメーターは，別表第2の上欄第三号に掲げられている。

**4**：酒精度浮ひょうは，掲げられていない。

**5**：最大需要電力計は，別表第2の上欄第四号に掲げられている。

よって，誤っているもの，すなわち，使用方法等の制限の対象となる特定計量器として定められていないものは，**4**の酒精度浮ひょうである。

なお，酒精度浮ひょうは，検定証印の有効期間は定められていない。

【正解】 **4**

## 問 12

指定検定機関に関する次の記述の中から，誤っているものを一つ選べ。

**1**　指定検定機関の指定は，政令で定める区分ごとに，経済産業省令で定めるところにより，検定を行おうとする者が都道府県知事に申請することにより行う。

**2**　経済産業大臣は，計量法第16条第1項第2号イの指定の申請が，第106条第3号において準用される第28条各号の規定による条件に適合していると認めるときでなければ，指定をしてはならないとされているが，その条件の一つに，経済産業省令で定める器具，機械又は装置を用いて検定を行うものであること，がある。

**3**　指定検定機関における業務規程で定めるべき事項は，経済産業省令で定める。

**4**　届出製造事業者は，計量法第76条第1項の承認を受けようとする型式の特定計量器について，当該特定計量器の検定を行う指定検定機関の行う試験を受けることができる。

**5**　指定検定機関は，検定を行う事業所の所在地を変更しようとするときは，変更しようとする日の2週間前までに，経済産業大臣に届け出なければならない。

---

**【題 意】**　指定検定機関に関する記述について，正誤を問うものである。（誤っているものを選ぶ。）

**【解 説】**　**1**：指定検定機関については，法第16条第1項第二号イで，「経済産業大臣，都道府県知事，日本電気計器検定所又は経済産業大臣が指定した者（以下「指定検定機関」という。）が行う検定を受け，…（以下略）」と定められている。よって，「指定検定機関の指定は，…（中略）…検定を行おうとする者が都道府県知事に申請することにより行う。」とある記述は，誤りである。

**2**：指定検定機関の指定の基準についての記述である。法第106条第3項で準用する第28条第一号の規定から，記述は正しい。

**3**：指定検定機関の業務規程についての記述である。法第106条第3項で準用する第30条第2項の規定から，記述は正しい。

**4**：特定計量器の型式の承認における指定検定機関の試験についての記述である。法第78条第1項の規定から，記述は正しい。

**5**：指定検定機関の事業所の所在地の変更についての記述である。法第106条第2項の規定から，記述は正しい。

【正　解】 **1**

## 問 13

製造事業者に係る型式の承認に関する次の記述の中から，誤っているものを一つ選べ。

**1**　承認製造事業者がその届出に係る特定計量器の製造の事業を廃止したときは，その承認は効力を失う。

**2**　経済産業大臣は，承認製造事業者が不正の手段によりその製造する特定計量器の型式の承認を受けたときは，その承認を取り消すことができる。

**3**　承認製造事業者は，当該特定計量器を製造する工場又は事業場の名称に変更があったときは，遅滞なく，その旨を経済産業大臣又は日本電気計器検定所に届け出なければならない。

**4**　承認製造事業者とは，届出製造事業者であって，その製造する特定計量器の型式について承認を受けた者をいう。

**5**　届出製造事業者は，その製造する特定計量器の型式について，政令で定める区分に従い，経済産業大臣，日本電気計器検定所又は当該特定計量器の検定を行う指定検定機関の承認を受けることができる。

【題　意】 特定計量器の型式の承認に関する記述について，正誤を問うものである。（誤っているものを選ぶ。）

【解　説】 **1**：承認の失効についての記述である。法第87条の規定から，記述は正しい。

**2**：承認の取消しについての記述である。法第88条の柱書き，同条第三号の規定から，記述は正しい。

**3**：承認製造事業者の変更の届出等についての記述である。法第79条第1項，第76条第2項第三号の規定から，記述は正しい。

**4**：承認製造事業者についての記述である。法第79条第1項，第76条第1項の規定から，記述は正しい。

**5**：型式の承認を行う者についての記述である。法第76条第1項で，「届出製造事業者は，その製造する特定計量器の型式について，政令で定める区分に従い，経済産業大臣又は日本電気計器検定所の承認を受けることができる。」と定められている。よって，「（前略）…経済産業大臣，日本電気計器検定所又は当該特定計量器の検定を行う指定検定機関の承認を受けることができる。」とある記述は，誤りである。

【正解】 **5**

## 問 14

指定製造事業者に関する次の記述の中から，正しいものを一つ選べ。

**1**　指定製造事業者の指定を受けようとする届出製造事業者は，当該工場又は事業場における品質管理の方法について，その指定に係る特定計量器の検定を行う指定検定機関の調査を受けなければならない。

**2**　指定製造事業者は，その指定に係る申請書に記載した品質管理の方法に関する事項を変更しようとするときは，事前にその旨を指定検定機関に届け出なければならない。

**3**　指定製造事業者は，製造のロットごとに適切な数の特定計量器を抜き取り，抜き取った特定計量器の器差が検定公差を超えないことを確認できれば，当該ロットに属する特定計量器に基準適合証印を表示することができる。

**4**　指定製造事業者の指定を取り消され，その取消しの日から2年を経過しない者は，再び指定を受けることができない。

**5**　指定製造事業者の指定は，届出製造事業者又は外国製造事業者の申請により，経済産業省令で定める事業の区分に従い，その工場又は事業場の所在地を管轄する都道府県知事が行う。

---

**【題 意】** 指定製造事業者に関する記述について，正誤を問うものである。（正しいものを選ぶ。）

**【解 説】** **1**：品質管理の方法に関する調査についての記述である。法第93第1項で，「届出製造事業者は，第16条第1項第二号ロの指定の申請に係る工場又は事業場における品質管理の方法について，当該特定計量器の検定を行う指定検定機関の行う調査を受けることができる。」と定められている。よって，「（前略）…指定検定機関の調査を受けなければならない。」とある記述は，誤りである。

**2**：品質管理の方法に関する事項の変更の届出についての記述である。法第94条第1項で，「第16条第1項第二号ロの指定を受けた届出製造事業者（以下「指定製造事業者」という。）は，第91条第1項第五号の事項に変更があったときは，遅滞なく，その旨を経済産業大臣に届け出なければならない。」と定められている。よって，「（前略）…事項を変更しようとするときは，事前にその旨を指定検定機関に届け出なければならない。」とある記述は，誤りである。

**3**：基準適合義務等についての記述である。法第95条第1項および第2項で指定製造事業者は基準適合義務が課せられている。基準に適合していることを確認する検査方法等は，指定製造事業者の指定等に関する省令の第7条に定められている。同省令第7条第二号，第三号は，「製造されるすべての特定計量器について…（以下略）」と規定している。よって，「指定製造事業者は，製造のロットごとに適切な数の特定計量器を抜き取り，抜き取った特定計量器の器差が検定公差を超えないことを確認できれば，当該ロットに属する特定計量器に基準適合証印を表示することができる。」とある記述は，誤りである。

**4**：指定の基準についての記述である。法第92条第1項の柱書き，同条同項第二号の規定から，記述は正しい。

**5**：指定を行う者についての記述である。法第16条第1項第二号ロで，「経済産業大臣が指定した者が製造した特定計量器であって，…（以下略）」，第90条で，「法第16条第1項第二号ロの指定は，届出製造事業者又は外国製造事業者の申請により，…（以下略）」，と定められている。よって，「（前略）…その工場又は事業場の所在地を管轄する都道府県知事が行う。」とある記述は，誤りである。

**正解**　4

---

**問 15**

基準器検査に関する次の記述の中から，誤っているものを一つ選べ。

**1**　基準器検査は，政令で定める区分に従い，経済産業大臣，都道府県知事，特定市町村の長又は日本電気計器検定所が行う。

**2**　基準器検査の合格条件は，基準器検査を行った計量器の構造が経済産業省令で定める技術上の基準に適合し，かつ，その器差が経済産業省令で定める基準に適合することである。

**3**　基準器を譲渡し，又は貸し渡すときは，基準器検査成績書をともにしなければならない。

**4**　基準器検査を受けることができる者は，経済産業省令で定められている。

**5**　基準器検査を申請した者が基準器検査に合格しなかった計量器に係る基準器検査成績書の交付を受けているときは，その記載に消印を付する。

---

**題意**　基準器検査に関する記述について，正誤を問うものである。(誤っているものを選ぶ。)

**解説**　基準器検査に関しては，法第102条から第105条に規定されている。

**1**：基準器検査を行う者についての記述である。法第102条第1項で，「検定，定期検査その他計量器の検査であって経済産業省令で定めるものに用いる計量器の検査（以下「基準器検査」という。）は，政令で定める区分に従い，経済産業大臣，都道府県知事又は日本電気計器検定所が行う。」と規定されている。よって，「(前略)…経済産業大臣，都道府県知事，特定市町村の長又は日本電気計器検定所が行う。」とある記述は，誤りである。

**2**：基準器検査の合格条件についての記述である。法第103条第1項の柱書き，同条同項第一号および第二号の規定から，記述は正しい。

**3**：基準器を譲渡，貸し渡すときの記述である。法第105条第4項の規定から，記述は正しい。

**4**：基準器検査を受けることができる者についての記述である。法第102条第2項の規定から，記述は正しい。

**5**：基準器検査に合格しなかった計量器についての記述である。法第105条第3項の規定から，記述は正しい。

【正 解】 **1**

## 問 16

計量証明の事業に関する次の記述の中から，誤っているものを一つ選べ。

**1**　計量証明事業者が計量証明の事業について不正の行為をしたとき，都道府県知事は，その登録を取り消し，又は1年以内の期間を定めて，その事業の停止を命ずることができる。

**2**　計量証明の事業の登録を受けなければならない濃度の区分として計量法施行令第28条第1号に定められているのは，大気（大気中に放出される気体を含む。），水又は土壌（水底のたい積物を含む。）中の物質の濃度，である。

**3**　計量証明の事業の登録を受けようとする際の申請書には，計量証明の事業に係る業務に従事する者として，事業の区分に応じて経済産業省令で定める計量士，又は経済産業省令で定める条件に適合する知識経験を有する者の記載がなければならない。

**4**　計量証明事業者がその登録に係る事業を廃止したとき，又はその登録をした都道府県知事の管轄区域外に事業所を移転したときは，その登録は効力を失う。

**5**　計量証明の事業の登録を受けた計量証明事業者は，登録後，経済産業省令で定める事項を記載した事業規程を作成し，その事業規程に関し，都道府県知事の検査を受けなければならない。

---

【題 意】 計量証明の事業に関する記述について，正誤を問うものである。（誤っているものを選ぶ。）

【解 説】 **1**：登録の取消し等についての記述である。法第113条の柱書き，同条第

5号の規定から，記述は正しい。

**2**：事業の登録を受けなければならない濃度の区分についての記述である。法第107条第二号および法施行令第28条第一号の規定から，記述は正しい。

**3**：事業の登録を受けようとする際の申請書の記載事項についての記述である。法第108条の柱書き，同条第五号の規定から，記述は正しい。

**4**：登録の失効についての記述である。法第112条の規定から，記述は正しい。

**5**：事業規程についての記述である。事業規程については，法第110条第1項で，「第107条の登録を受けた者（以下「計量証明事業者」という。）は，その登録に係る事業の実施の方法に関し経済産業省令で定める事項を記載した事業規程を作成し，その登録を受けた後，遅滞なく，都道府県知事に届け出なければならない。これを変更したときも，同様とする。」と規定されている。よって，「（前略）…その事業規程に関し，都道府県知事の検査を受けなければならない。」とある記述は，誤りである。

**正解**　**5**

## 問 17

計量証明検査に関する次の記述の中から，誤っているものを一つ選べ。

**1**　計量証明検査を行った特定計量器の合格となる全ての条件は，その性能が経済産業省令で定める技術上の基準に適合すること及びその器差が経済産業省令で定める使用公差を超えないことである。

**2**　計量証明事業者が特定計量器として非自動はかりを計量証明に使用する場合，その計量証明事業者は計量証明の事業の登録を受けた日から起算して2年ごとに，都道府県知事が行う計量証明検査を受けなければならない。

**3**　計量証明検査に合格しなかった特定計量器に検定証印等が付されているときは，その検定証印等を除去する。

**4**　計量証明検査に合格した特定計量器には，経済産業省令で定めるところにより，その計量証明検査を行った年月を表示した計量証明検査済証印を付する。

**5**　都道府県知事は，指定計量証明検査機関を指定し，その者に計量証明検査を行わせることができる。

【題 意】 計量証明検査に関する記述について，正誤を問うものである。（誤っているものを選ぶ。）

【解 説】 **1**：計量証明検査の合格条件についての記述である。合格条件は，法第118条第1項第一～三号でつぎのとおり規定されている。

第118条　計量証明検査を行った特定計量器が次の各号に適合するときは，合格とする。

一　検定証印等（第72条第2項の政令で定める特定計量器にあっては，有効期間を経過していないものに限る。）が付されていること。

二　その性能が経済産業省令で定める技術上の基準に適合すること。

三　その器差が経済産業省令で定める使用公差を超えないこと。

よって，第一号の条件が挙げられていないので，記述は誤りである。

**2**：非自動はかりの計量証明検査についての記述である。法第116条第1項の柱書き及び法施行令第29条第1項の別表第5から，記述は正しい。

**3**：計量証明検査に合格しなかった特定計量器についての記述である。法第119条第3項の規定から，記述は正しい。

**4**：計量証明検査に合格した特定計量器についての記述である。法第119条第1項，第2項の規定から，記述は正しい。

**5**：指定計量証明検査機関の指定と計量証明検査についての記述である。法第117条第1項の規定から，記述は正しい。

【正 解】 **1**

## 問 18

特定計量証明事業者及び計量証明事業者において，事業登録の基準を定めた計量法第109条第2号に基づいて実施されるその事業に係る計量管理に関する次の記述の（ア）と（イ）に入る語句の組合せとして，正しいものを一つ選べ。

計量管理とは，（　ア　），計量の正確の保持，（　イ　）その他適正な計量の実施を確保するために必要な措置を講ずることをいう。

| | （ア） | （イ） |
|---|---|---|
| **1** | 計量器の整備 | 計量の方法の改善 |
| **2** | 計量器の整備 | 計量のための器具，機械又は装置の改善 |
| **3** | 計量器の校正 | 特定計量器の検査 |
| **4** | 計量器の校正 | 計量の方法の改善 |
| **5** | 計量器の校正 | 計量のための器具，機械又は装置の改善 |

---

**【題 意】** 計量証明事業の登録の基準の一つとして，「計量管理を行うものであること」がある。この「計量管理」の定義について，理解度を問うものである。（語句の組合せとして正しいものを選ぶ。）

**【解 説】** 計量証明の事業の登録の基準は，法第109条でつぎのとおり規定されている。

第109条　都道府県知事は，第107条の登録の申請が次の各号に適合するときは，その登録をしなければならない。

一　…略…

二　（前略）…当該事業に係る計量管理（計量器の整備，計量の正確の保持，計量の方法の改善その他適正な計量の実施を確保するために必要な措置を講ずることをいう。以下同じ。）を行うものであること。

三　…（以下略）

よって，（ア）に入る語句は「計量器の整備」，（イ）に入る語句は「計量の方法の改善」であり，**1** の語句の組合せが正しい。

**【正 解】** **1**

## 問 19

特定計量証明事業に関する次の記述の中から，正しいものを一つ選べ。

**1**　特定計量証明事業を行おうとする者は，経済産業省令に定める事業の区分に従い，経済産業大臣が指定した者（以下「指定計量証明検査機関」という。）に申請して，その事業が計量法第121条の2各号に適合している旨の認定を受けなければならない。

**2**　特定計量証明事業者の認定を受けようとする者及びその更新を受けようとする者は，実費を勘案して指定計量証明検査機関が定める額の手数料を納付しなければならない。

**3**　認定特定計量証明事業者は，認定を受けた事業の区分に係る計量証明を行ったときは，経済産業省令で定める事項を記載し，経済産業省令で定める標章を付した証明書を交付することができる。

**4**　認定特定計量証明事業者は，認定を受けた事業の区分に係る計量証明を行うことを求められたときは，いかなる場合であっても速やかに計量証明を行い，証明書を交付しなければならない。

**5**　認定特定計量証明事業者は，認定に係る事業を廃止するときは，あらかじめ，その旨を経済産業大臣に届け出なければならない。

---

**【題 意】**　特定計量証明事業に関する記述について，正誤を問うものである。（正しいものを選ぶ。）

**【解 説】**　**1**：特定計量証明事業の認定については，法第 121 条の 2 で，「特定計量証明事業…（中略）…を行おうとする者は，…（中略）…経済産業大臣又は経済産業大臣が指定した者（以下「特定計量証明認定機関」という。）に申請して，…（中略）…認定を受けることができる。」と定められている。よって，「（前略）…経済産業大臣が指定した者（以下「指定計量証明検査機関」という。）に申請して，…（中略）…認定を受けなければならない。」とある記述は，誤りである。

**2**：特定計量証明事業の認定に係る手数料については，法第 158 条第 1 項の柱書き，同条同項第十号および第十一号で定められている。第 1 項の柱書きは，「（前略）…実費を勘案して政令で定める額の手数料を納付しなければならない。…（以下略）」，また，第十号は「第 121 条の 2 の認定を受けようとする者」，第十一号は「第 121 条の 4 第 1 項の認定の更新を受けようとする者」と規定している。よって，「特定計量証明事業者の認定…（中略）…指定計量証明検査機関が定める額の…（以下略）」とある記述は，誤りである。

なお，第 121 条の 2 の認定とは，特定計量証明事業の認定のことである。

**3**：認定特定計量証明事業者が交付する証明書についての記述である。法第 121 条の 3

第 1 項の規定から，記述は正しい。

**4**：認定特定計量証明事業者の証明書の交付については，法第 121 条の 3 第 1 項で，「(前略)…計量証明を行ったときは，…(中略)…証明書を交付することができる。」と規定されている。よって，「(前略)…計量証明を行うことを求められたときは，いかなる場合であっても速やかに計量証明を行い，証明書を交付しなければならない。」とある記述は，誤りである。

**5**：認定に係る事業の廃止の届出については，法第 121 条の 6 で準用する第 65 条で，「認定特定計量証明事業者は，その認定に係る事業を廃止したときは，遅滞なく，その旨を経済産業大臣に届け出なければならない。」と定められている。よって，「(前略)…認定に係る事業を廃止するときは，あらかじめ，…(以下略)」とある記述は，誤りである。

**正 解** **3**

## 問 20

計量法第 122 条に規定する計量士の登録に関する次の記述の（ア）～（オ）に入る語句として，正しいものを 1 ～ 5 の中から一つ選べ。

第 122 条　経済産業大臣は，計量器の検査その他の計量管理を適確に行うために必要な（　ア　）を有する者を計量士として登録する。

2　次の各号の一に該当する者は，（　イ　）で定める計量士の区分（以下単に「計量士の区分」という。）ごとに，氏名，生年月日その他経済産業省令で定める事項について，前項の規定による登録を受けて，計量士となることができる。

一　（　ウ　）に合格し，かつ，計量士の区分に応じて経済産業省令で定める（　エ　）その他の条件に適合する者

二　国立研究開発法人産業技術総合研究所（以下「研究所」という。）が行う第 166 条第 1 項の教習の課程を修了し，かつ，計量士の区分に応じて経済産業省令で定める（　エ　）その他の条件に適合する者であって，（　オ　）が前号に掲げる者と同等以上の学識経験を有すると認めた者

**1**　（ア）技能

**2**　（イ）政令

**3**　（ウ）計量士資格認定試験

**4**　（エ）実務の経験

**5**　（オ）経済産業大臣

**【題意】** 計量士の登録に関して，理解度を問うものである。（選択肢に挙げられている語句が，空欄に入る語句として正しいものを選ぶ。）

**【解説】** 計量士の登録に関しては，法第122条第1～3項で定められている。

第122条　経済産業大臣は，計量器の検査その他の計量管理を適確に行うために必要な知識経験を有する者を計量士として登録する。

2　次の各号の一に該当する者は，経済産業省令で定める計量士の区分（以下単に「計量士の区分」という。）ごとに，氏名，生年月日その他経済産業省令で定める事項について，前項の規定による登録を受けて，計量士となることができる。

一　計量士国家試験に合格し，かつ，計量士の区分に応じて経済産業省令で定める実務の経験その他の条件に適合する者

二　国立研究開発法人産業技術総合研究所（以下「研究所」という。）が行う法第166条第1項の教習の課程を修了し，かつ，計量士の区分に応じて経済産業省令で定める実務の経験その他の条件に適合する者であって，計量行政審議会が前号に掲げる者と同等以上の学識経験を有すると認めた者

3　…（以下略）

よって，**1**の（ア）技能，**2**の（イ）政令，**3**の（ウ）計量士資格認定試験，**5**の（オ）経済産業大臣は誤りであり，**4**（エ）の実務の経験，が正しい。

**【正解】** **4**

## 【問】21

計量士に関する次の記述の中から，誤っているものを一つ選べ。

**1**　計量士でない者は，計量士の名称を用いてはならない。

**2**　経済産業大臣は，計量士が不正の手段により計量法第122条第1項の登

録を受けたとき，その登録を取り消し，又は2年以内の期間を定めて，計量士の業務の停止を命ずることができる。

**3**　計量士国家試験は，計量士の区分ごとに，計量器の検査その他の計量管理に必要な知識及び技能について，毎年少なくとも1回経済産業大臣が行う。

**4**　計量士登録簿は，経済産業省に備える。

**5**　計量士は，計量士登録証の記載事項に変更があったときは，遅滞なく，経済産業省令で定めるところにより，その住所又は勤務地を管轄する都道府県知事を経由して，経済産業大臣に申請し，計量士登録証の訂正を受けなければならない。

---

**【題 意】**　計量士に関する記述について，正誤を問うものである。(誤っているものを選ぶ。)

**【解 説】**　**1**：名称の使用制限についての記述である。法第124条の規定から，記述は正しい。

**2**：登録の取消しまたは名称の使用の停止についての記述である。法第123条の柱書きで，「経済産業大臣は，計量士が次の各号の一に該当するときは，その登録を取り消し，又は1年以内の期間を定めて，計量士の名称の使用の停止を命ずることができる。」，また，同条第三号で，「不正の手段により前条第1項の登録を受けたとき。」，と規定している。よって，「(前略)…又は2年以内の期間を定めて，計量士の業務の停止を命ずることができる。」とある記述は，誤りである。

**3**：計量士国家試験についての記述である。法第125条の規定から，記述は正しい。

**4**：計量士登録簿についての記述である。法第126条および法施行令第33条の規定から，記述は正しい。

**5**：計量士登録証の訂正についての記述である。法第126条および法施行令第35条の規定から，記述は正しい。

**【正 解】**　**2**

## 問 22

計量法第 128 条の適正計量管理事業所の指定の基準に関する次の記述の（ア）～（ウ）に入る語句の組合せとして，正しいものを一つ選べ。

第 128 条　経済産業大臣は，前条第 1 項の指定の申請が次の各号に適合すると認められるときは，その指定をしなければならない。

一　（　ア　）の種類に応じて経済産業省令で定める計量士が，当該事業所で使用する（　ア　）について，経済産業省令で定めるところにより，（　イ　）行うものであること。

二　その他（　ウ　）が経済産業省令で定める基準に適合すること。

| | （ア） | （イ） | （ウ） |
|---|---|---|---|
| **1** | 特定計量器 | 計画的に検定を | 計量管理の方法 |
| **2** | 基準器 | 検査を定期的に | 計量管理の方法 |
| **3** | 特定計量器 | 検査を定期的に | 計量管理の方法 |
| **4** | 基準器 | 基準器検査を | 品質管理の方法 |
| **5** | 特定計量器 | 計画的に検定を | 品質管理の方法 |

**題意**　適正計量管理事業所の指定の基準に関して，理解度を問うものである。（語句の組合せとして正しいものを選ぶ。）

**解説**　適正計量管理事業所の指定の基準については，法第 128 条でつぎのとおり定められている。

第 128 条　経済産業大臣は，前条第 1 項の指定の申請が次の各号に適合すると認めるときは，その指定をしなければならない。

一　特定計量器の種類に応じて経済産業省令で定める計量士が，当該事業所で使用する特定計量器について，経済産業省令で定めるところにより，検査を定期的に行うものであること。

二　その他計量管理の方法が経済産業省令で定める基準に適合すること。

よって，（ア）に入る語句は「特定計量器」，（イ）に入る語句は「検査を定期的に」，（ウ）に入る語句は「計量管理の方法」であり，**3** の語句の組合せが正しい。

**正解**　**3**

## 問 23

計量法第 134 条第 1 項に規定する特定標準器等に関する次の記述の（ア）～（ウ）に入る語句の組合せとして，正しいものを一つ選べ。

第 134 条　（　ア　）は，計量器の標準となる特定の物象の状態の量を（　イ　）する計量器又はこれを（　イ　）する標準物質を製造するための器具，機械若しくは装置を（　ウ　）するものとする。

| | （ア） | （イ） | （ウ） |
|---|---|---|---|
| **1** | 経済産業大臣 | 現示 | 校正 |
| **2** | 経済産業大臣 | 表示 | 校正 |
| **3** | 経済産業大臣 | 現示 | 指定 |
| **4** | 指定校正機関 | 表示 | 指定 |
| **5** | 指定校正機関 | 現示 | 校正 |

**題 意**　特定標準器等に関して，理解度を問うものである。（語句の組合せとして正しいものを選ぶ。）

**解 説**　特定標準器等に関しては，法第 134 条第 1 ～ 4 項で定められている。

第 134 条　経済産業大臣は，計量器の標準となる特定の物象の状態の量を現示する計量器又はこれを現示する標準物質を製造するための器具，機械若しくは装置を指定するものとする。

2　…（以下略）

よって，（ア）に入る語句は「経済産業大臣」，（イ）に入る語句は「現示」，（ウ）に入る語句は「指定」であり，**3** の語句の組合せが正しい。

**正 解**　**3**

## 問 24

計量法第 143 条第 1 項で定める計量器の校正等（特定標準器以外の計量器による校正等）の事業を行う者の登録の有効期間として，正しいものを一つ選べ。

**1**　1 年

**2**　2 年

**3**　3年

**4**　4年

**5**　有効期間はない

---

**題意**　登録事業者の登録の有効期間に関して，正誤を問うものである。（正しいものを選ぶ。）

**解説**　特定標準器以外の計量器による校正等に関しては，法第143条第1項で，「計量器の校正等の事業を行う者は，校正を行う計量器の表示する物象の状態の量又は値付けを行う標準物質に付された物象の状態の量ごとに，経済産業大臣に申請して，登録を受けることができる。…（以下略）」と定められている。この登録を受けた者を「登録事業者」という。また，登録の更新については，法第144条の2第1項で，「第143条第1項の登録は，3年を下らない政令で定める期間ごとにその更新を受けなければ，その期間の経過によって，その効力を失う。」と定められている。政令で定める期間は，法施行令第38条の2で，「法第144条の2第1項の政令で定める期間は，4年とする。」と定められている。

よって，**4**の4年が正しい。

**正解**　**4**

---

**問 25**

計量法の雑則及び罰則に関する次の記述の中から，誤っているものを一つ選べ。

**1**　計量士が計量法第123条に基づく計量士の名称の使用の停止命令に違反した場合は，罰金に処する。

**2**　非法定計量単位による目盛又は表記を付した計量器を所有した者は，罰金に処する。

**3**　計量法に規定する経済産業大臣の権限に属する事務の一部は，政令で定めるところにより，都道府県知事が行うこととすることができる。

**4**　都道府県知事又は特定市町村の長は，計量法の施行に必要な限度において，その職員に，指定定期検査機関又は指定計量証明検査機関の事務所に立ち入り，業務の状況若しくは帳簿，書類その他の物件を検査させることができる。

**5**　経済産業大臣は，国立研究開発法人産業技術総合研究所に立入検査を行わせた場合において，その所在の場所において検査を行わせることが著しく困難であると認められる計量器があったときは，その所有者又は占有者に対し，期限を定めて，これを提出すべきことを命ずることができる。

---

**題 意**　法の雑則および罰則に関する記述に関して，正誤を問うものである。（誤っているものを選ぶ。）

**解 説**　**1**：計量士の名称の使用停止の命令に違反した場合の罰則についての記述である。法第 123 条，第 173 条の柱書きおよび同条第二号の規定から，記述は正しい。
**2**：非法定計量単位による目盛等を付した計量器の所有と所有した者の罰則についての記述である。法第 9 条第 1 項で，「（前略）…計量器であって非法定計量単位による目盛又は表記を付したものは，販売し，又は販売の目的で陳列してはならない。…（以下略）」と定められている。また，第 173 条の柱書き，同条第一号で，第 9 条第 1 項に違反した者は，「50 万円以下の罰金に処する。」と定められている。「所有してはならない。」という禁止規定は定められていない。

よって，「非法定計量単位による目盛又は表記を付した計量器を所有した者は，罰金に処する。」とある記述は，誤りである。

**3**：都道府県が処理する事務についての記述である。法第 168 条の 8 の規定から，記述は正しい。

**4**：指定定期検査機関または指定計量証明検査機関に対する立入検査についての記述である。法第 148 条第 3 項の規定から，記述は正しい。

**5**：経済産業大臣が，研究所に立入検査を行わせた場合における計量器等の提出についての記述である。法第 149 条第 2 項の規定から，記述は正しい。

**正 解**　**2**

# 2. 計量管理概論

## 管　理

## 2.1　第 71 回（令和 2 年 12 月実施）

### 問 1

「JIS Z 8103 計測用語」では，測定は「ある量をそれと同じ種類の量の測定単位と比較して，その量の値を実験的に得るプロセス」，計測は「特定の目的をもって，測定の方法及び手段を考究し，実施し，その結果を用いて所期の目的を達成させること」，また，計測管理は「計測の目的を効率的に達成するため，計測の活動全体を体系的に管理すること」と定義されている。計測管理の実施に関する次の記述の中で誤っているものを一つ選べ。

**1**　計測の計画段階では，関連部署と協力して，まず計測の目的を確認し，それが実現できるよう測定すべき対象と特性を決める。さらに，測定器，測定方法，測定条件などを含めた測定システムを適切に選択することも重要である。

**2**　計測の目的の実現に必要となる測定システムの精確さを見積もることが重要である。ただし，必要となる精確さの見積もりは計測の計画段階では行えないので，測定の実施段階で行う必要がある。

**3**　測定の実施段階では，計測の計画で決められた作業を確実に行うことが重要である。これを可能とするため，計測の計画段階では，測定担当者が疑問なく作業ができるよう十分な詳しさで作業の方法や手順を記述しておく必要がある。

**4**　測定により得られた測定結果は，単に記録するだけでなく，関連部署と協力してそれを吟味し，その結果に基づいて，必要があれば計測の目的を実現するための対策を策定し，実行することが重要である。

**5**　校正に用いる測定標準として国家標準にトレーサビリティがとれたものを使うことにより，測定結果の普遍性を確保することができる。計測の計画段階で，使用する測定標準を決めておく必要がある。

---

**【題意】**　計測管理を進める基本的な考え方を問うもの。

**【解説】**　計測とは，目的のために測定を通して目的達成を実行するプロセスといえる。このプロセスには測定対象とする特性値の決定，測定器の選定，測定の方法・条件などの測定システムを計画する必要がある。計測のプロセスはつぎのような手順を得て目的の達成に至る。

①　目的を明らかにする。

②　測定対象となる特性値を決める。

③　測定器を選定する。

④　測定方法を計画し実施する。

⑤　測定結果の解析・分析をして目的達成を評価する。

上記のプロセスにおいて，計測システムの計画策定の段階では，関連する部署と協力して検討し企画することが重要である。**1** は正しい。

計測における測定システムを考える上では，計測段階で測定の精確さを見積り，目的達成の実現に問題がないことを知っておくことが重要である。精確さを見積もるためには，選択する測定器の測定の不確かさを見積もることが不可欠となる。測定の不確かさは，選択した測定器が校正されたときの不確かさに，実際測定するときの測定方法や環境条件などの条件が，校正されたときの条件と違うことで生じる不確かさを加算することで測定の精確さを見積もることが可能である。**2** は誤り。

測定システムの選定が決定したならば実際の測定の実施段階では，意図する測定手順を正確に進めることが重要である。よって，測定の手順等を記しておき，作業が間違いのないように実施できるようにしておくことも必要である。**3** は正しい。

測定によって得られた結果から所期の目的に対してどうであったかの評価を行い，目的の達成評価について結論・判定を行うことが重要である。あるいは測定結果から，さらに目的を実現するための対策を策定し実行しなければならない場合もあり，つぎの段階への計画の実行を結論付けることもあり得る。**4** は正しい。

計測を計画策定の段階で，選択した測定器の校正が必要な場合もあり得るため，校正に必要な測定標準を選定しておくことも考えられる。用いる測定標準は国家標準にトレーサビリティがとれたものを使うことで，測定結果のトレーサビリティを得ることができ，測定結果の普遍性を確保することが可能となる。**5** は正しい。

【正 解】 **2**

## 問 2

計測管理における目的特性と代用特性について述べた次の記述の中で，誤っているものを一つ選べ。

**1**　測定において，測定の目的との関連性が明白で，測定の目的を実現するため直接的に知ることが望まれる特性を目的特性という。

**2**　測定コストが高い，技術的に難しいなどの理由で，目的特性を直接的に測定することが難しいときに，目的特性の代わりに測定対象量とする特性を代用特性という。

**3**　代用特性を利用するときには，代用特性と目的特性の間に成立する関係を把握しておく必要がある。

**4**　目的特性との間に強い負の相関がある特性は，代用特性として利用することはできない。

**5**　代用特性は，目的特性とは異なる測定単位をもっていることがある。

---

【題 意】 計測の目的に応じた測定の特性値を選択する場合に考えられる目的特性と代用特性に関して問うもの。

【解 説】 目的特性とは，本当に知りたい品質特性である。例えばよく飛ぶゴルフボールを調べる実験では，本来ならば「よく飛ぶ」が目的特性となる。しかし，「よく飛ぶ」を測る測定器がないとしたら，「よく飛ぶ」に代わる特性として，ボールを一定の高さから床に落として，よく跳ね返るボールが「よく飛ぶ」と考えられるとしたら，「よく跳ね返る」が代用特性となる。**1**，**2** は正しい。

代用特性を利用するときには，当然代用特性と目的特性の間に確かな関係・相関があることが必要条件となる。**3** は正しい。

目的特性と代用特性の間の関係・相関は正負どちらの特性であっても利用できる。**4**は誤り。

通常，代用特性は目的特性とは異なる測定量であるため，測定単位も異なる。**5**は正しい。

【正 解】 **4**

---

**問 3**

「JIS Z 8103 計測用語」に規定されている用語に関する次の記述の中から，正しいものを一つ選べ。

**1** 「次元 1 の量」の例として，コイルの巻数や試料中の分子の数などの事物の個数がある。

**2** 「順序尺度量」とは，大きさに従って同じ種類の他の量との順序関係を完全に決定できる量で，値の差には意味があるが，値の比には物理的に確定的な意味はない。

**3** 「影響量」とは，測定される量の値の変化に対する，測定システムの指示値の変化の比率を表す量である。

**4** 「間接測定」とは，ある組立量を，それに関連するすべての基本量の測定によって決定する測定方法である。

**5** 「名義的性質」とは，現象，物体又は物質の性質であって，一般的に数値として表される。

---

【題 意】 JIS Z 8103「計測用語」で規定されている用語のうち，量および単位に関連する定義について問うもの。

【解 説】 JIS Z 8103「計測用語：2019」で定義されている用語のうち「量及び単位」,「測定方法」で，設問で記述されている用語の定義を下記の**表**に示す。

表　用語の定義

| 用　語 | 定　義 |
|---|---|
| 次元 1 の量，<br>または無次元量 | 量の次元において，基本量に対応する因数のすべての指数が 0 である量。<br>**注記 1**　一般に“無次元量”という用語が用いられており，ここでは歴史的理由からこれも許容する。この用語は，このような量の次元の記号表現におけるすべての指数が 0 であるという事実に由来する。“次元 1 の量”という用語は，このような量の次元を記号 1 で表記するという取り決めを反映している。<br>**注記 2**　…略…<br>**注記 3**　次元 1 の量の中には，同じ種類の二つの量の比で定義されるものがある。<br>例 1　平面角，立体角，屈折率，相対浸透率，質量分率，摩擦係数，マッハ数<br>**注記 4**　事物の個数は次元 1 の量である。<br>例 2　コイルの巻数，ある与えられた試料中の分子の数，量子系のエネルギーレベルの縮退数 |
| 順序尺度量 | 取り決めた測定手順によって定義される量であって，大きさに従って同じ種類の他の量との順序関係を完全に決めることができるが，これらの量の間の代数的演算は存在しない量。<br>例 1　ロックウェル C スケール硬さ<br>例 2　石油燃料のオクタン価<br>例 3　リヒタースケール（Richter scale）による地震強度<br>例 4　0 から 5 までのスケールによる腹痛の主観的レベル<br>**注記 1**　順序尺度量は，経験的関係だけを示すものであり，測定単位も量の次元ももたない。順序尺度量の差および比には物理的に確定的な意味はない。<br>**注記 2**　順序尺度量の値の目盛は，測定手順に従った測定によって確立されることがある。 |
| 影響量 | 測定対象量以外で，測定結果に影響を与える量。 |
| 間接測定 | 測定対象量と一定の関係にあるいくつかの他の量の測定によって，測定対象量の値を導き出す測定方法。 |
| 名義的性質 | 現象，物体または物質の性質であって，大きさをもたないもの。<br>例 1　人間の性別<br>例 2　塗料見本の色<br>例 3　科学分野でのスポット（斑点：spot）試験の色<br>…（以下略） |

**1** の記述は，定義の**注記 4** の例 2 の記述にあるとおりで正しい。

**2** の記述の，「値の差には意味があるが，値の比には物理的に確定的な意味はない。」の「値の差には意味がある」の記述が間違い。値の差および比にも意味がないというのが正しい。よって誤りである。

**3** の記述は，「測定システムの感度」の定義を表す記述であり，誤りである。

**4** の「間接測定」の定義は，ある組立量を，それに関連するいくつかの他の量の測定によって決定する測定方法をいう。よって誤りである。

**5** の「名義的性質」は数値で表すことがないので誤りである。

【正 解】 **1**

---

**問 4**

改正された計量単位令が 2019 年（令和元年）5 月 20 日に施行となった。この改正には，国際単位系（SI）の七つの基本単位のうち四つについて，定義値としての基礎物理定数に基づく定義へと変わったことが反映された。定義が変わった四つの基本単位の組合せとして正しいものを次の中から一つ選べ。

**1**　キログラム，アンペア，ケルビン，モル

**2**　キログラム，アンペア，ケルビン，カンデラ

**3**　キログラム，アンペア，秒，カンデラ

**4**　キログラム，メートル，秒，モル

**5**　キログラム，メートル，ケルビン，カンデラ

---

【題 意】 国際単位系（SI）の基本単位の定義改定に係る知識を問うもの。

【解 説】 2018 年 11 月に七つの SI 基本単位のうち四つの単位の定義が変更され，2019 年に計量単位令が施行となった。SI 基本単位は，いずれも基礎物理定数に基づく定義へと変更された。以下の**表**にその四つの単位と定義を示す。

**表**

| 改正された SI 基本単位 | 定　義 |
|---|---|
| キログラム（kg）：質量 | キログラム（記号 kg）は，質量の SI 単位であり，プランク定数 $h$ を単位 J·s（$kg\cdot m^2\cdot s^{-1}$ に等しい）で表したときに，その数値を $6.626\,070\,15\times10^{-34}$ と定めることによって定義される。ここで，メートルおよび秒は $c$ および $\Delta\nu c_{\mathrm{s}}$ に関連して定義される。 |
| アンペア（A）：電流 | アンペア（記号 A）は，電流の SI 単位であり，電気素量 $e$ を単位 C（A·s に等しい）で表したときに，その数値を $1.602\,176\,634\times10^{-19}$ と定めることによって定義される。ここで，秒は $\Delta\nu c_{\mathrm{s}}$ によって定義される。 |

| | |
|---|---|
| ケルビン（K）：熱力学温度 | ケルビン（記号はK）は，熱力学温度のSI単位であり，ボルツマン定数 $k$ を単位 $\mathrm{J \cdot K^{-1}}$（$\mathrm{kg \cdot m^2 \cdot s^{-2} \cdot K^{-1}}$ に等しい）で表したときに，その数値を $1.380\,649 \times 10^{-23}$ と定めることによって定義される。ここで，キログラム，メートルおよび秒は $h$，$c$ および $\Delta \nu c_{\mathrm{s}}$ に関連して定義される。 |
| モル（mol）：物質量 | モル（記号mol）は，物質量のSI単位であり，1モルには，厳密に $6.022\,140\,76 \times 10^{23}$ の要素粒子が含まれる。この数は，アボガドロ定数 $N_{\mathrm{A}}$ を単位 $\mathrm{mol^{-1}}$ で表したときの数値であり，アボガドロ数と呼ばれる。系の物質量（記号 $n$）は，特定された要素粒子の数の尺度である。要素粒子は，原子，分子，イオン，電子，その他の粒子，あるいは，粒子の集合体のいずれであってもよい。 |

したがって，**1**が正しい。

**正 解**　**1**

## 問 5

次の記述（ア）～（ウ）は「JIS Z 8103 計測用語」で規定されている用語の定義を示したものである。それぞれの定義に該当する用語の組合せとして正しいものを，下の中から一つ選べ。

（ア）　測定者が気付かずにおかした誤り，又はその結果求められた測定値。

（イ）　測定値の母平均から真値を引いた値。

（ウ）　指定された条件の下で，同じ又は類似の対象について，反復測定によって得られる指示値又は測定値の間の一致の度合い。

| | （ア） | （イ） | （ウ） |
|---|---|---|---|
| **1** | ばらつき | 誤差 | 精密さ |
| **2** | まちがい | 誤差 | 正確さ |
| **3** | ばらつき | かたより | 正確さ |
| **4** | まちがい | かたより | 精密さ |
| **5** | まちがい | 誤差 | 精密さ |

**題 意**　測定誤差に関する用語の定義について知識を問うもの。

**〔解説〕** （ア）の「測定者が気付かずにおかした誤り，又はその結果求められた測定値」は「まちがい」の定義である。まちがいは，「過失」，「過ち」ということもある。

（イ）の「測定値の母平均から真値を引いた値」は「かたより」の定義である。かたよりは，系統誤差のうち，反復測定において，一定のままである測定誤差の成分を表している。国際計量基本用語（VIM）では系統誤差の推定値と定義されている。

（ウ）の「指定された条件の下で，同じ又は類似の対象について，反復測定によって得られる指示値又は測定値の間の一致の度合い」は精密さまたは精度の定義である。精密さは，通常，指定された測定条件下での標準偏差，分散，変動係数などの尺度によって数値表現される。

**〔正解〕** 4

---

## 問 6

不確かさに関する次の記述の中から，誤っているものを一つ選べ。

**1**　標準不確かさは，標準偏差で表した測定の不確かさである。

**2**　不確かさの評価の方法には，タイプA評価として一連の測定値の統計的解析による，不確かさの一成分の評価と，タイプB評価としてタイプA評価以外の方法による，不確かさの一成分の評価がある。

**3**　合成標準不確かさは，測定結果を幾つかの他の量の値によって求めるときの，これらの各量の変化に応じて測定結果がどれだけ変わるかによって重み付けした，標本分散又は他の量との標本共分散の積の平方根に等しい。

**4**　拡張不確かさは，測定結果について，合理的に測定対象量に結び付けられ得る値の分布の大部分を含むと期待する区間を定める不確かさである。

**5**　包含係数は，拡張不確かさを求めるために合成標準不確かさに乗じる数として用いられる数値係数である。

---

**〔題意〕** 測定の不確かさの評価で用いる基本的な用語の知識を問うもの。

**〔解説〕** 不確かさは測定結果の信頼性を表すための指標であり，その定義は「測定値に付随する，合理的に測定対象量に結び付けられ得る値の広がりを特徴づけるパラメータ。」である。この定義でいうパラメータが標準不確かさと呼ばれるもので，通常，標準偏差またはその指定倍量で表される。**1** は正しい。

不確かさの評価には，タイプ A 評価とタイプ B 評価の方法がある。タイプ A 評価の不確かさとは，指定された測定条件の下で得られる一連の測定値の統計的解析による，不確かさ成分である。タイプ B 評価の不確かさは，タイプ A 評価以外の方法による不確かさ成分をいい，経験またはその他の情報に基づき標準偏差相当に変換して評価した不確かさ成分である。**2** は正しい。

合成標準不確かさとは，測定モデルの入力量に付属する個々の標準不確かさを合成して得られる標準不確かさであり，測定モデルがいくつかの測定量によって求めるとき，これらの各量の変化に応じて測定結果がどれだけ変わるかによって重み付けした（感度係数と呼ばれる），標本分散または他の量との標本共分散の和の平方根である。よって，**3** の「積の平方根」は誤り。

拡張不確かさとは，**4** で記述のとおり「測定結果について，合理的に測定対象量に結び付けられ得る値の分布の大部分を含むと期待する区間を定める不確かさ」と定義されている。“大部分” によって表される割合は，この区間の包含確率または信頼の水準とみなすことができ，拡張不確かさを得るために合成標準不確かさに乗じる数値係数を包含係数という。包含係数は通常 2 から 3 の範囲で用いられる。**4** および **5** は正しい。

**【正 解】 3**

## 問 7

ある測定器 A と，より高価で精密な測定器 B がある。測定器 A の繰返し性を標準偏差で評価すると $\sigma_A$ であり，測定器 B の繰返し性 $\sigma_B$ の 4 倍であることが分かっている。

このとき，測定器 A で繰返し測定を行い，その平均値を求めることで，測定器 B による 1 回の測定結果と同等な繰返し性を持つ結果を得ることを考えた。適切な繰返し測定の回数として正しいものを，次の中から一つ選べ。

ただし，各測定に付随する誤差は統計的に独立とする。

**1**　2 回

**2**　4 回

**3**　8 回

**4**　16 回

**5**　24 回

---

**題 意**　確率変数の標準偏差の性質について知識を問うもの。

**解 説**　測定値の標本 $(x_1, x_2, \cdots, x_n)$ における標準偏差 $\sigma$ は以下の式で与えられる。

$$\sigma = \sqrt{\frac{1}{n-1}\sum_{i=1}^{n}(x_i - \overline{x})^2}$$

ここで，$\overline{x}$ は標本の平均値である。また，標本平均値 $\overline{x}$ の標準偏差 $\sigma_{\overline{x}}$ は

$$\sigma_{\overline{x}} = \frac{\sigma}{\sqrt{n}}$$

となる。つまり，平均値の標準偏差は測定回数を $n$ とすると 1 回のみの測定における標準偏差の $1/\sqrt{n}$ となる。

したがって，測定器 A の標準偏差 $\sigma_A$ は測定器 B の標準偏差 $\sigma_B$ の 4 倍であるから，同等な標準偏差を得るためには，$1/\sqrt{n}$ の値が 1/4 となるような繰返し回数 $n$ が必要となるから以下のようになる。

$$\frac{1}{\sqrt{n}} = \frac{1}{4} = \frac{1}{\sqrt{16}}$$

よって，$n = 16$ のとき 1/4 となる。**4** が正しい。

**正 解**　**4**

---

## 問 8

ある工場で製造される円筒形状部品の直径 $x$ の分布を表す確率密度関数を $p(x)$ とするとき，次の記述の中から誤っているものを一つ選べ。

**1**　積分 $\int_{d_1}^{d_2} p(x)dx$ は，直径 $x$ が $d_1$ から $d_2$ の範囲にある確率を表す。

**2**　直径 $x$ の平均値は積分 $\int_0^{\infty} x \cdot p(x)dx$ で与えられる。

**3**　直径 $x$ が mm（ミリメートル）を単位として表されるとき，確率密度関数 $p(x)$ の単位は $mm^{-1}$ である。

**4**　直径 $x$ の分布の全範囲にわたる積分 $\int_0^{\infty} p(x)dx$ は，その工場で一日に製

造される当該部品の個数を表している。

**5**　直径 $x$ の分布が，平均 $\mu$，標準偏差 $\sigma$ の正規分布に従うと考えられるとき，$p(x)$ は次の式で与えられる。

$$p(x)=\frac{1}{\sqrt{2\pi}\,\sigma}\exp\left[-\frac{(x-\mu)^2}{2\sigma^2}\right]$$

---

**［題 意］**　確率変数の確率に関する知識を問うもの。

**［解 説］**　確率変数 $X$，確率密度関数 $f(x)$ において，$a \leqq X \leqq b$（確率変数がとる値の範囲が $a$ 以上 $b$ 以下）となる確率は

$$P(a \leq X \leq b)=\int_a^b f(x)dx$$

となる。**1** は正しい。

直径 $x$ は正の連続型確率変数と考えられるので，確率変数 $X$ の負でない値の期待値は

$$E(X)=\int_0^\infty x\cdot p(x)dx$$

と定義される。**2** は正しい。

直径が確率変数で単位を mm とするならば，直径確率密度関数 $f(x)$ は，その逆数になるので $\mathrm{mm}^{-1}$ になる。**3** は正しい。

直径 $x$ の分布の全範囲にわたる積分 $\int_0^\infty p(x)dx$ は 1 になる。一日に製造される個数とは無関係である。**4** は誤り。

直径 $x$ は連続型確率変数であるから，その分布は正規分布に従うと考えられるので，平均 $\mu$，標準偏差 $\sigma$ とした確率密度関数は以下の式で与えられる。

$$p(x)=\frac{1}{\sqrt{2\pi}\,\sigma}\exp\left[-\frac{(x-\mu)^2}{2\sigma^2}\right]$$

**5** は正しい。

**［正 解］**　**4**

## 問 9

電圧計の校正を行うために，標準電圧発生器で発生した電圧 $x_i$（$i=1, 2, \cdots, 10$）のそれぞれに対して電圧計の指示値 $y_i$ を得た。次に発生電圧 $x$ を説明変数，

電圧計の指示値 $y$ を従属変数とする一次回帰式 $y=a+bx$ を最小二乗法により求めることにした。この回帰式の回帰係数 $b$ の計算式として正しいものを一つ選べ。

ただし，$\overline{x}$，$\overline{y}$ はそれぞれ $x_i$，$y_i$ の標本平均であり，説明変数 $x$ は誤差を含まないものとする。

**1**　$\dfrac{\overline{x}}{\overline{y}}$

**2**　$\displaystyle\sum_{i=1}^{10}(y_i-\overline{y})^2$

**3**　$\displaystyle\sum_{i=1}^{10}(x_i-\overline{x})(y_i-\overline{y})$

**4**　$\dfrac{\displaystyle\sum_{i=1}^{10}(x_i-\overline{x})(y_i-\overline{y})}{\displaystyle\sum_{i=1}^{10}(x_i-\overline{x})^2}$

**5**　$\dfrac{\displaystyle\sum_{i=1}^{10}(x_i-\overline{x})(y_i-\overline{y})}{\sqrt{\displaystyle\sum_{i=1}^{10}(x_i-\overline{x})^2}\times\sqrt{\displaystyle\sum_{i=1}^{10}(y_i-\overline{y})^2}}$

---

【題 意】　回帰係数を求める計算式について問うもの。

【解 説】　説明変数 $x_i$（$i=1, 2, \cdots, n$）と従属変数 $y_i$（$i=1, 2, \cdots, n$）の関係を一次回帰式 $y=a+bx$ としたときの回帰係数 $b$ は

$$\text{回帰係数}\ (b)\ =\ \frac{x\text{と}y\text{の共分散}}{x\text{の分散}}$$

で表される。計算式は

$$b=\frac{S_{xy}}{S_{xx}}=\frac{\displaystyle\sum_{i=1}^{n}(x_i-\overline{x})(y_i-\overline{y})}{\displaystyle\sum_{i=1}^{n}(x_i-\overline{x})^2}$$

となる。**4** が正しい。

【正 解】　**4**

**問 10**

次の**表**は，因子 A を取り上げた繰返しのある一元配置の実験を行った結果の分散分析表である。この表に関する下の記述の中から誤っているものを一つ選べ。

**表**　分散分析表

| 要　因 | 平方和 | 自由度 | 平均平方（分散） | 分散比 |
|---|---|---|---|---|
| 因子 A | $S_A$ | $f_A$ | $V_A$ | $F_0$ |
| 誤差 e | $S_e$ | $f_e$ | $V_e$ | |
| 合計 T | $S_T$ | $f_T$ | － | |

**1**　$f_T$ は，因子 A の水準数と測定の繰返し数によって定まる値である。

**2**　$f_e$ は，測定の繰返し数のみで定まる値である。

**3**　$f_A$ は，因子 A の水準数のみで定まる値である。

**4**　$V_A$ は，平方和 $S_A$ を自由度 $f_A$ で割ることによって求めることができる。

**5**　分散比 $F_0$ は $V_A$ と $V_e$ の比であり，因子 A の効果が統計的に有意であるかどうかを検討する場合に用いる。

**題 意**　分散分析表の作成方法と有意差検定について問うもの。

**解 説**　分散分析表における自由度は，因子 A の水準数を $a$，繰り返し数を $n$ とすると，以下のようになる。

合計の自由度 $f_T$ は全データ数から 1 を引いた値となり

$$f_T = (a \times n) - 1$$

で求められる。**1** は正しい。

誤差の自由度 $f_e$ は因子 A の水準数 $a$ と繰返し数 $n$ により

$$f_e = a(n - 1)$$

で求められる。よって，**2** は誤りである。

因子 A の自由度 $f_A$ は水準数から 1 を引いた値であるから

$$f_A = a - 1$$

で求められる。**3** は正しい。

因子 A の分散 $V_A$ は，平方和 $S_A$ を自由度で割ることで求められる。

$$V_A = \frac{S_A}{f_A}$$

**4** は正しい。

分散比 $F_0$ は因子Aの分散 $V_A$ と誤差 $e$ の分散 $V_e$ との比であり次式で求められる。

$$F_0 = \frac{V_A}{V_e}$$

$F_0$ の値から因子Aの効果が統計的に有意であるかどうかを $F$ 分布表の数値との比較から検定を行い，有意であるかどうかを統計的に判定ができる。**5** は正しい。

**【正解】** **2**

## 問 11

トレーサビリティと不確かさに関する次の記述の中から，正しいものを一つ選べ。

**1**　組立量は，測定結果のトレーサビリティを確保することはできない。

**2**　測定結果のトレーサビリティの確保は，与えられた目的に対して不確かさが十分であることを保証する。

**3**　測定標準に付与された値の不確かさは，その測定標準を用いて行った校正の不確かさを表している。

**4**　国家計量標準機関が測定標準を供給している量以外の量に関しては，測定結果のトレーサビリティを確保することはできない。

**5**　測定結果のトレーサビリティを確保していることの証明として，トレーサビリティの経路を示すトレーサビリティ体系図は必ずしも必要ではない。

**【題意】**　トレーサビリティと不確かさの基本的な知識について問うもの。

**【解説】**　組立量とは，測定対象量がいくつかの基本量により組み立てられている量をいう。例えば，密度という組立量は質量を長さの3乗（体積）で除した量である。この場合のトレーサビリティは，質量と長さの測定についてトレーサビリティを確保すれば密度のトレーサビリティを確保することができる。**1** は誤り。

測定結果のトレーサビリティの確保は，最上位の参照基準との繋がりを実証するものであり，不確かさの大きさを保証するものではない。**2** は誤り。

測定標準に付与されている不確かさは，その測定標準を上位の測定標準で校正したときの不確かさである。**3** は誤り。

トレーサビリティとは，切れ目なく連鎖した校正を通して，参照基準に繋がっていることである。この参照基準の種類は，通常，国家計量標準機関がほぼ供給している量となるが，それ以外の場合もある。国際標準，測定手順なども参照基準となり得る。**4** は誤り。

JCSS 制度（計量法校正事業者登録制度）による校正結果は，国家標準へのトレーサビリティ確保を証明している。この場合はトレーサビリティの経路を示すトレーサビリティ体系図は不要である。**5** は正しい。

【正 解】 **5**

---

## 問 12

測定標準とトレーサビリティに関する次の記述の中から，誤っているものを一つ選べ。

**1**　参照標準とは，ある組織又はある場所において，ある与えられた種類の量の他の測定標準を校正するために指定された測定標準のことである。

**2**　測定標準は，量の値とその不確かさが明確になっていることが必要である。

**3**　トレーサビリティとは，個々の校正が不確かさに寄与する，切れ目なく連鎖した，文書化された校正を通して，測定結果を参照基準に関係付けることができる測定結果の性質のことである。

**4**　トレーサビリティの確保のためには，校正対象の測定器による繰返し測定のばらつきが，校正に用いる測定標準の不確かさに比べて十分に小さい必要がある。

**5**　認証標準物質をもとに作成し，かつ不確かさが明確になっている標準物質は，測定標準として分析機器の校正に用いることができる。

---

【題 意】 測定標準とトレーサビリティに関する知識を問うもの。

**解 説**　参照標準とは，「ある組織又はある場所において，ある与えられた種類の量の他の測定標準を校正するために指定された測定標準」と定義されている。**1** の記述は定義のとおりである。**1** は正しい。

測定標準は校正を行うための参照標準として用いるので，表記された量の値およびその不確かさは明確になっている必要がある。**2** は正しい。

**3** の記述はトレーサビリティの定義そのままであり，正しい。

トレーサビリティの確保には校正による上位の測定標準と下位の測定標準または測定器との連鎖によって得られ，同時に不確かさが伴っている。校正対象の測定器による繰返し測定のばらつきの大小は，校正作業における不確かさ評価に反映されることになる。よって，校正対象の測定器固有のばらつきと，校正に用いる測定標準の不確かさとは関係がない。**4** は誤り。

認証標準物質をもとに作成し，かつ不確かさが明確になっている標準物質は，測定標準となり分析機器の校正に当然用いることができる。**5** は正しい。

**正 解**　**4**

---

**問 13**

校正に関する次の記述の中から，誤っているものを一つ選べ。

**1**　校正を実施するためには，表記された量の値及びその不確かさを持つ何らかの測定標準が必要である。

**2**　校正の第一段階は，測定標準が与える値と測定器の指示値との間の不確かさを伴う関係を確立することである。

**3**　測定標準が与える値とその値に対応する測定器の指示値の関係を表す関係式に利用される関数は多項式のみである。

**4**　測定標準が与える値とその値に対応する測定器の指示値の関係を表す関係式を決定するための手法に最小二乗法がある。

**5**　校正の第二段階は，測定器の指示値から測定結果を得るための関係を確立することである。

---

**題 意**　校正に関する内容について知識を問うもの。

**解 説**　校正を実施するために必要なことは，その校正を実施できる技術のある人がいること，校正に用いる測定標準があること，校正の方法が確立され不確かさ評価ができること，そして校正を実施する施設があることである。校正実施には測定標準は不可欠である。**1** は正しい。

校正の定義では，第一段階と第二段階に分けて内容を説いている。第一段階では，測定標準の値と，それに対する測定器の指示値との間の関係を確立させることとしている。**2** は正しい。

この第一段階の測定標準の値と測定器の指示値との間の関係を表す方法としては，校正関数，校正線図，校正曲線または校正表などの形で表すことが可能である。ここで示している校正関数は一次関数，二次関数，多項式関数などがあり，使用の状況に応じて選ぶことができる。**3** は誤り。これらの関数の係数の決定においては，一般に最小二乗法の手法が用いられる。**4** は正しい。

校正の第二段階は，第一段階で得られた測定標準と測定器の指示値との関係の情報から，実際の測定において得られる測定器の指示値から測定値を得るための関係を確立することである。この関係は第一段階で求めた関係を表す関数から容易に導きが可能である。**5** は正しい。

**正 解**　**3**

## 問 **14**

「JIS Z 9090 測定 － 校正方式通則」に基づいた測定器の定期校正について述べた次の記述の中から，誤っているものを一つ選べ。

**1**　「点検及び修正を行う校正方式」での定期校正では，測定器の誤差の大きさを調べる点検を定期的に行い，判明した誤差の大きさがあらかじめ決めておいた限界値を超えたときには，校正式を求め直す修正を行う。

**2**　「点検及び修正を行う校正方式」以外の定期校正の方式として，「点検だけ行う校正方式」，「修正だけ行う校正方式」，点検も修正も行わない「無校正の校正方式」がある。

**3**　校正式を求め直す修正に用いる測定標準は，点検に用いる測定標準とは別のものを使用しなければならない。

**4**「点検だけを行う校正方式」では，定期的な点検において判明した誤差の大きさがあらかじめ決めておいた限界値を超えたとき，その測定器を廃棄し，新しい測定器と交換する。

**5**「無校正の校正方式」では，あらかじめ決めておいた測定器の使用期間を越えたとき，予防保全的にその測定器を廃棄し，新しい測定器と交換する。

---

**題意**　JIS Z 9090「測定 − 校正方式通則」の校正方式の内容について問うもの。

**解説**　JIS Z 9090「測定 − 校正方式通則」による校正方式は以下の**表**のように4区分を規定している。

**表**　校正方式の区分

| (1)<br>点検および修正を行う | (2)<br>点検だけを行う | (3)<br>修正だけを行う | (4)<br>無校正 |
|---|---|---|---|
| ① 点検作業<br>② 点検の結果<br>③ 結果に応じて修正作業<br>④ 使　用 | ① 点検作業<br>② 点検の結果<br>③ 修正作業なし<br>④ 使用／廃棄 | ① 点検作業なし<br>② 修正作業<br>③ 使　用 | ① 点検作業なし<br>② 修正作業なし<br>③ 使　用 |

校正の区分(1)は点検を定期的に行い，あらかじめ決めておいた限界値を超えたときには校正式を求め直す修正を行う方式である。**1** は正しい。

上記の表のとおり校正方式には4区分があり，測定器の使用状況に応じて区分を決めることになる。**2** は正しい。

校正式を求め直す修正というのは，いわゆる校正のことを示しているが，この校正実施に用いる測定標準は，点検を実施する際の測定標準として用いてもかまわない。**3** は誤り。

「点検だけを行う校正方式」とは，定期的に行う点検の結果，誤差があらかじめ決めておいた限界値を超えたときに，その測定器を廃棄して新しい測定器と交換する方式をいう。**4** は正しい。

「無校正の校正方式」とは，あらかじめ決めておいた測定器の使用期間を超えたとき，その測定器は廃棄し，新しい測定器に交換する方式である。**5** は正しい。

**正解**　**3**

## 問 15

値の異なる測定標準$M$があり，その測定標準を測定したときの測定器の指示値$y$，指示値の誤差を$\varepsilon$とし，$y$と$M$の関係式として$y=\alpha+\beta M+\varepsilon$を仮定する（$\alpha$：$y$切片）。このとき，測定のSN比$\eta$は，傾き$\beta$の二乗$\beta^2$と指示値の誤差$\varepsilon$の分散$\sigma^2$から計算することができる。このような測定のSN比に関する次の記述の中から，誤っているものを一つ選べ。

**1**　測定のSN比は，$\eta=\beta^2/\sigma^2$として計算する。

**2**　二種類の測定器が同一の測定対象量を測っている場合，それぞれの測定器の指示値の単位が異なっていても，SN比を用いて性能の良否を比較することができる。

**3**　測定のSN比は，測定標準の単位の二乗の逆数と同じ次元を持っている。

**4**　測定のSN比をデシベル変換（対数変換）する場合，デシベル変換後のSN比は，常に正の値になる。

**5**　二つの測定器の性能を測定のSN比により比較する場合，SN比が大きい測定器を選択するとよい。

---

**題意**　測定のSN比に関する基本的な内容について問うもの。

**解説**　測定のSN比$\eta$は，測定器の測定量に対する感度係数を$\beta$，測定器の指示値のばらつきを$\sigma$とすると

$$\eta=\frac{\beta^2}{\sigma^2} \qquad (1)$$

となる。**1**は正しい。

測定のSN比の特徴の一つに，測定器の性能の良否を比較する際に，測定器の指示値の単位が異なっていても，SN比の比較ができることがある。**2**は正しい。

測定のSN比は式（1）でわかるように，測定器の指示値の誤差分散が分母である。つまり，測定のSN比の単位は，信号（測定量）の単位の2乗の逆数となる。**3**は正しい。

測定のSN比の式（1）をつぎのように対数変換（デシベル変換）して用いることができる。

$$\eta = 10 \log \frac{\beta^2}{\sigma^2} \text{（デシベル，db）} \tag{2}$$

デシベル変換する前のSN比が1より小さい値である場合，デシベル変換したSN比は負の値になる。**4** は誤り。

二つの測定器の性能をSN比で比較する場合は，式 (1) でわかるように感度が良く指示値のばらつきが小さい測定器がよいので，SN比が大きい測定器のほうが優れていることになる。**5** は正しい。

**【正 解】** **4**

## 問 16

SN比の比較により，現行器より優れた測定器を選択したい。そこで，現行器及び候補となる測定器A，Bの優劣を，一次式校正を前提としたSN比により評価する。値の分かっている測定物の量を信号 $M$，誤差因子の水準を $N_1$，$N_2$ とし，各測定器の出力 $y$ を測定したところ次の**図**が得られた。この図のデータからSN比を求め，測定器を比較するとき，判断として正しいものを，下の中から一つ選べ。

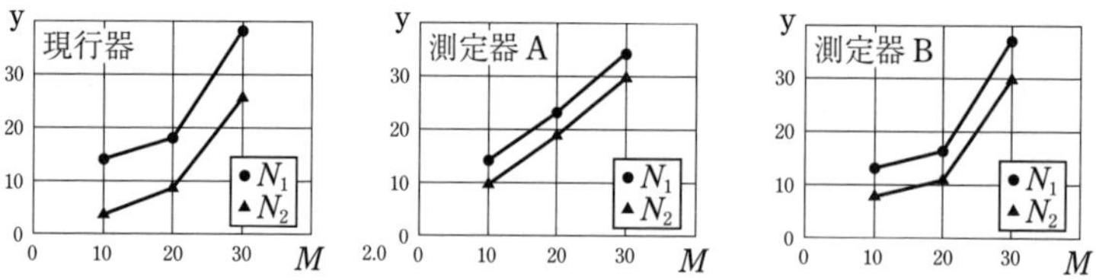


図　各測定器における信号 $M$ に対する出力 $y$

**1**　現行器と測定器Aでは，広範囲の出力に対応している現行器を選択するのがよい。

**2**　現行器と測定器Bでは，誤差因子に対するばらつきが大きい現行器を選択するのがよい。

**3**　三つの測定器では，グラフが直線的であり，さらに誤差因子に対するばらつきの小さい測定器Aを選択するのがよい。

**4**　三つの測定器では，信号 $M$ が10から20の範囲においては，傾きの最も小さい測定器Bを選択するのがよい。

**5**　現行器と測定器A，BのSN比は変わらないので，現行器，測定器A，または測定器Bのいずれを選択してもよい。

---

**題意**　測定のSN比により測定器の優劣を判断する知識について問うもの。

**解説**　測定器の優劣の判断は，SN比が大きいものを選択するということである。また一次式校正では，感度係数 $\beta$ が大きい，直線性がよい，そして誤差因子 $N$ によるばらつきが小さいということが，SN比が大きくなる条件である。

信号因子 $M$ に対する出力の範囲は，現行器，測定器A，測定器Bともにほぼ同じである。この場合，出力は $N_1$ と $N_2$ の平均で見ることになる。現行器と測定器Aの比較では現行器のほうがやや出力の範囲は広いといえるが，現行器より測定器Aのほうが直線性がよいので，現行器のほうがSN比は大きいとはいえない。**1**は誤り。

現行器と測定器Bでは，ばらつきが現行器のほうが大きいのでSN比は小さい。よって，測定器のBのほうがよい。**2**は誤り。

三つの測定器を比較すると，直線性の良さと誤差が小さいことから，測定器Aが最もSN比が大きい。測定器Aを選択するのがよい。**3**は正しい。

設問では一次式校正で評価することが示されているので，信号が10～20の範囲で見ることは的確ではなく，全体の判断はできない。**4**は誤り。

図で見るとおり，三つの測定器は明らかに直線性とばらつきが違うことから，SN比も違うことは明らかである。**5**は誤り。

**正解**　**3**

## 問 17

生産工程で多く用いられている自動制御の用語において，「シーケンス制御」について説明しているものはどれか。次の記述の中から，正しいものを一つ選べ。

**1**　目標値，外乱などの情報に基づいて，制御対象の応答を正確に予測し，操作量を決定する制御方式のことである。

**2**　あらかじめ定められた順序又は手続きに従って制御の各段階を逐次進めていく制御方式のことである。

**3**　与えた操作量の結果を目標値と比較し，それらを一致させるように操作量を生成する制御方式のことである。

**4**　複数の制御入力と複数の制御量との間に相互干渉がある系において，制御入力をまとめて操作することによって，複数の制御量を同時に制御する制御方式のことである。

**5**　比例動作，積分動作及び微分動作の三つの動作を含む制御方式のことである。

---

**【題 意】**　自動制御のうちシーケンス制御について知識を問うもの。

**【解 説】**　自動制御の方式には，フィードバック制御，シーケンス制御，フィードフォワード制御，定値制御，追従制御などがある。

目標値，外乱などの情報に基づいて，制御対象の応答を正確に予測する制御方式は，フィードフォワード制御と呼ばれる制御である。**1** は誤り。

あらかじめ定められた順序または手続きに従って制御の各段階を逐次進めている制御方式がシーケンス制御である。**2** は正しい。

与えられた操作量の結果を目標値と比較し，それらを一致させるように操作量を生成する制御方式はフィードバック制御である。**3** は誤り。

複数の制御入力と複数の制御量との間に相互干渉がある系において，制御入力をまとめて操作することによって，複数の制御量を同時に制御する制御方式を多変数制御方式という。**4** は誤り。

比例動作（P），積分動作（I），および微分動作（D）の三つの動作を含む制御方式は，通常 PID 制御と呼ばれる方法でフィードバック制御の一種である。**5** は誤り。

**【正 解】**　**2**

## 問 18

測定データの信号変換に関する次の記述の空欄（ア）～（エ）に入る語句の組合せとして正しいものを，下の中から一つ選べ。

測定データの伝送に用いる信号には，時間的に連続な信号波形をそのまま伝送するアナログ信号と，離散的な信号情報を伝送するデジタル信号がある。アナログ信号の測定データをデジタルコンピュータで処理するためには，AD変換器によりデジタル信号に変換する必要がある。このとき，アナログ信号の値を一定時間間隔毎に取り出すことを（ ア ）といい，信号の値の大きさを幾つかの区間に区分し，各区間内を同一の値とみなすことを（ イ ）という。

デジタル信号は，ビット数を（ ウ ）ことで（ イ ）誤差が減り，測定データの忠実な再現が可能となる。例えば，$n$ビットのAD変換器の分割数は$2^n$で与えられるので，12ビットのAD変換器による測定データの分割数は$2^{12}=4\,096$となる。これは，10ビットのAD変換器に比べて（ エ ）倍の分割数で信号を変換できることを意味している。

| | （ア） | （イ） | （ウ） | （エ） |
|---|---|---|---|---|
| **1** | 標本化 | 量子化 | 増やす | 4 |
| **2** | 量子化 | 標本化 | 増やす | 2 |
| **3** | 標本化 | 符号化 | 減らす | 1.2 |
| **4** | 量子化 | 標本化 | 減らす | 4 |
| **5** | 標本化 | 量子化 | 増やす | 2 |

**【題意】** アナログ信号をデジタル化する場合の基本的な知識を問うもの。

**【解説】** アナログ信号をデジタル信号に変換することをAD変換という。AD変換は，標本化と量子化というプロセスを経て行われる。量子化とは，標本化のプロセスで計測されたアナログ値を，離散的なデジタル値（0と1で表現する値）に変換するプロセスである。量子化の精度を決める値が量子化ビット数である。このことを踏まえて，設問の記述のカッコ内に語句を入れると以下のようになる。

「測定データの伝送に用いる信号には，時間的に連続な信号波形をそのまま伝送するアナログ信号と，離散的な信号情報を伝送するデジタル信号がある。アナログ信号の測定データをデジタルコンピュータで処理するためには，AD変換器によりデジタル信号に変換する必要がある。このとき，アナログ信号の値を一定時間間隔毎に取り出すことを$_{(ア)}$標本化といい，信号の値の大きさを幾つかの区間に区分し，各区間内を同一の値とみなすことを(イ)量子化という。

デジタル信号は，ビット数を(ウ)増やすことで(イ)量子化誤差が減り，測定データの忠実な再現が可能となる。例えば，$n$ ビットの AD 変換器の分割数は $2^n$ で与えられるので，12 ビットの AD 変換器による測定データの分割数は $2^{12}=4\,096$ となる。これは，10 ビットの AD 変換器に比べて(エ)4 倍の分割数で信号を変換できることを意味している。」となる。10 ビットの AD 変換器による測定データの分割数は $2^{10}=1\,024$ である。よって，10 ビットから 12 ビットに増えると 2 ビット分，つまり $2^2=4$ 倍となる。

【正 解】 **1**

---

### 問 19

Information and Communication Technology（ICT）への関心の高まりに伴いデータ伝送に近距離無線通信技術が利用されるようになってきた。次の中から近距離無線通信技術ではないものを一つ選べ。

**1**　Wi-Fi

**2**　Universal Serial Bus（USB）

**3**　Bluetooth

**4**　Near Field Communication（NFC）

**5**　Radio Frequency Identifier（RFID）

（注）試験問題に記載されている名称は，商標または登録商標の場合があります。この問題では，「™」及び「®」を明記していません。

---

【題 意】 近距離無線通信技術に関する知識について問うもの。

【解 説】 Information and Communication Technology（ICT）とは，情報通信技術のことである。ICT でよく利用される近距離無線通信の方式としては，Wi-Fi，Bluetooth，NFC，RFID などが挙げられる。

Wi-Fi（ワイファイ）とは，無線 LAN に関する登録商標であり，Wi-Fi Alliance（アメリカ合衆国に本拠を置く業界団体）によって，国際標準規格である IEEE 802.11 規格を使用したデバイス間の相互接続が認められたことを示す名称である。**1** は正しい。

USB は，パソコンに周辺機器をケーブルで接続するための規格の一つである。最近のパソコンにはほとんどUSBコネクターを接続できるポートが搭載されている。USBの特徴のひとつに，機器を動作させるための電力をパソコンから供給することができるということがある。USBはケーブルで接続する通信規格であるから**2**は誤り。

Bluetoothとは，デジタル機器用の近距離無線通信規格の一つで，数mから数十mの距離の情報機器間で，電波により情報をやりとりすることができる。Bluetoothは1対1での通信を想定してつくられた通信技術である。通信速度・通信距離ともにWi-Fiと比べて弱いが，消費電力が少なく，キーボードやマウスといった長時間使用する機器に導入できるのがメリットである。**3**は正しい。

NFCはRFIDと呼ばれる無線通信による個体識別の技術の一種であり，近距離無線通信の技術を統一化した世界共通の規格である。ICチップを内蔵したNFCタグをNFCのリーダ・ライタ機能を有する機器により読み取り・書き込みを行うことができる。交通系ICカードなどに利用されている。**4**は正しい。

RFIDは，ID情報を埋め込んだRF（radio frequency）タグから，電磁界や電波などを用いた近距離の無線通信によって情報をやりとりする通信技術をいう。RFIDの特長は，スキャナをかざすだけで複数のタグを一括で読み取れるメリットがある。**5**は正しい。

【正解】 **2**

## 問 20

「JIS Z 8115 ディペンダビリティ（総合信頼性）用語」で規定されるアイテムに関する次の記述の中から，誤っているものを一つ選べ。

**1**　故障したアイテムは，実行可能な状態に戻すことができる修理アイテムと，戻すことができない非修理アイテムに分類される。

**2**　信頼性とは，アイテムが，与えられた条件の下，与えられた期間，故障せずに，要求どおりに遂行できる能力である。

**3**　耐久性とは，与えられた運用及び保全条件で，有用寿命の終わりまで，要求どおりに実行できるアイテムの能力である。

**4**　ロバストネスとは，アイテムが無効な入力又はストレスとなる環境条件で，正しく機能を遂行できる度合である。

**5**　平均故障間動作時間（MTBF）は，非修理アイテムにも適用できる。

---

**題 意**　JIS Z 8115「ディペンダビリティ（総合信頼性）用語」で規定するアイテムに関する用語の知識を問うもの。

**解 説**　故障したアイテムには，故障後，与えられた条件の下で，要求通りに実行できる状態に戻ることができるアイテムと，実行できる状態に戻ることができないアイテムに分けられる。実行できる状態に戻ることができるアイテムが「修理アイテム」，戻ることができないアイテムが「非修理アイテム」になる。**1** は正しい。

信頼性とは，「アイテムが与えられた条件の下で，与えられた期間，故障せずに，要求どおりに遂行できる能力。」である。**2** は正しい

耐久性とは，「与えられた運用及び保全条件で，有用寿命の終わりまで，要求どおりに実行できるアイテムの能力。」である。**3** は正しい。

ロバストネスは頑健性ともいうが，その定義は「アイテムが無効な入力又はストレスとなる環境条件で，正しく機能を遂行できる度合い。」である。**4** は正しい。

平均故障間動作時間（MTBF）は，「故障間動作時間の期待値」である。平均故障間動作時間は，修理アイテムに対してだけに用いられる。非修理アイテムに対しては，平均故障寿命が使われる。**5** は誤り。

**正 解**　**5**

## 問 21

ある組立工程での一ヶ月間に発生した不適合品を原因別に層別し，原因別度数と，度数の多い原因から順に合計した累積相対度数を求めた次のグラフがある。このグラフに関する下の記述の中で，誤っているものを一つ選べ。

**1**　このようなグラフをパレート図という。

**2**　不適合の原因は，ねじかじり，寸法不適合，穴位置違いの順に多い。

**3**　ねじかじり，寸法不適合，穴位置違いだけで，不適合全体の 80% 以上を占めている。

**4**　不適合の主な原因が把握できたので，不適合品の数を減らすために，ねじかじり，寸法不適合，穴位置違いの三つの原因に対して重点的に対策を

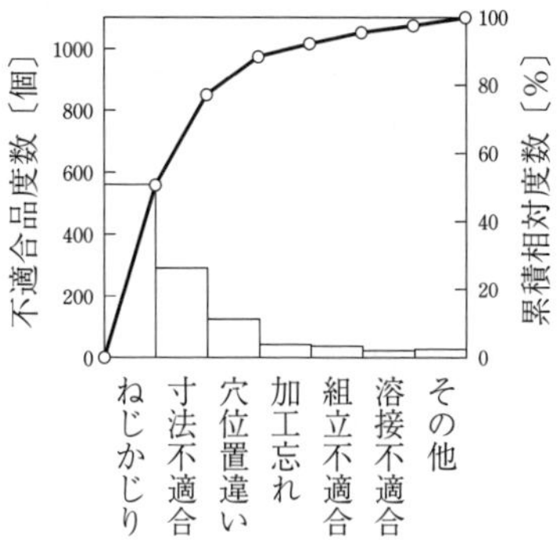


図　不適合品の原因別の度数と累積相対度数を示したグラフ

講じることにする。

**5**　縦軸を，不適合品度数から不適合による損失を金額に換算した値に代えてグラフ化することは望ましくない。

---

**【題 意】** 品質管理で用いられるQCの七つ道具のうちパレート図法に関して知識を問うもの。

**【解 説】** 設問の図は，生産工程で発生している不適合品の発生状況を把握し，どの現象から手をつけたら有効であるかを調べるために，その原因の分析をグラフにしたパレート図である。**1**は正しい。

パレート図では，原因別に層別し，その度数を左の縦軸に棒グラフで表している。多い順にねじかじり，寸法不適合，穴位置違いとなっている。**2**は正しい。

パレート図では，原因別の度数の累積相対度数〔%〕を右の縦軸に線グラフで表している。ねじかじり，寸法不適合，穴位置違いまでの累積相対度数は80 %に達していることがわかる。**3**は正しい。

パレート図でおもな不適合原因が把握できたら，不適合を減らすために，上位の原因から対策を講じることが効果的である。**4**は正しい。

パレート図において，左の縦軸を不適合品度数から，不適合により生じる損失を金額に換算した値に変えてグラフ化したとする。この場合は，不適合により生じる損失のおもな原因がグラフから把握できる。したがって，目的が不適合原因の把握（および不適合を減らすこと）ではなく，不適合により生じる損失を減らしたい場合に活用できる。よって，望ましくないとはいえない。**5** は誤り。

【正 解】 **5**

## 問 22

検査の方式に関する次の記述の中で，誤っているものはどれか，一つ選べ。

**1**　全数検査は，検査対象が検査で破壊されない特性の場合にのみ使える方式である。

**2**　全数検査とは，検査対象品の全数について，仕様で定めた全ての項目を検査する方式のことである。

**3**　全数検査や抜取検査等の検査方式の選択は，検査の目的やコストを十分に考慮して行うことが必要である。

**4**　抜取検査では，実際に検査をしていない製品についても「適合」か「不適合」の判断がされる。

**5**　抜取検査では，抜き取った検査対象品に不適合品が含まれていても，それが検査基準で定めた個数以下であれば，そのロット全体は「適合」と判定される。

---

【題 意】 全数検査方式と抜取り検査に関する考え方について問うもの。

【解 説】 製品検査とは，検査の対象品のうち，特に製品の品質特性として重要な項目について行うことになる。全数検査をする場合は，その検査項目を実施することによって製品が破壊されないことが前提となる。**1** は正しい。

全数検査とは検査対象となる製品の全数について行うことであるが，検査を行うのは，その製品の仕様で定めたすべての項目を行うことではなく，定めた仕様のうち重要項目，あるいはその製品の品質を決定付けされるような仕様項目などについて検査をすることである。**2** は誤り。

製品検査を全数行うか抜取りで行うかの選択を決定する判断として，検査の目的やコストを考慮して決めることが必要である。**3** は正しい。

抜取検査とは，ロットからあらかじめ定められた抜取検査方式に従って，サンプルを抜取り検査して，その結果をロットの判定基準と比較してロットの合格・不合格を判定する検査であるため，実際に検査をしていない製品についても「適合」か「不適合」の判断がされる。また，ロットとして合格した場合でも，その中に不適合品が含まれる可能性はある。**4** および **5** は正しい。

正 解　**2**

問 **23**

管理図に関する次の記述の空欄（ア）～（エ）に入る語句の組合せとして，正しいものを一つ選べ。

「JIS Z 9020-1 管理図 — 第 1 部：一般指針」では，管理図は「連続したサンプルから計算した統計量の値を特定の順序で打点し，その値によって工程の管理を進め，変動を低減し，維持管理するための（　ア　）を含んだ図」と定義されている。すなわち，管理図は，統計量の値を時間順やサンプル番号順などでグラフ上に打点してデータの変化を示し，工程の変動や安定性などの変化を捉えやすくするために用いられる。

管理図は，計量管理で重要な役割を果たしているが，管理図には（　イ　）のデータを用いる場合，（　ウ　）のデータを用いる場合があり，データの種類によって用いられる管理図はさまざまである。例えば，$\overline{X}$ 管理図は，製品特性の測定値の（　エ　）をプロットしたもので，（　イ　）のデータを用いる管理図である。また，不適合品数など，数えられたデータを示す（　ウ　）を用いる管理図には，$c$ 管理図，$np$ 管理図などがある。

| | （ア） | （イ） | （ウ） | （エ） |
|---|---|---|---|---|
| **1** | 管理限界 | 計量値 | 計数値 | 平均値 |
| **2** | 許容差 | 計数値 | 計量値 | 平均値 |
| **3** | 管理限界 | 計量値 | 計数値 | 範囲 |
| **4** | 許容差 | 計量値 | 計数値 | 平均値 |
| **5** | 管理限界 | 計数値 | 計量値 | 範囲 |

**【題意】** 管理図の手法を用いる目的およびデータの種類によって用いる管理図の種類について問うもの。

**【解説】** 管理図の定義は，「連続したサンプルから計算した統計量の値を特定の順序で打点し，その値によって工程の管理を進め，変動を低減し，維持管理するための(ア)管理限界を含んだ図」である。管理図を用いるのは，こうしたグラフ上に打点したデータの変化から，工程の変動や安定性などの変化を捉えるために用いるものである。

管理図では，対象となる統計量のデータの性質が連続した計量値の場合と，離散的な係数値の場合では，使用する管理図が異なってくる。

「管理図は，計量管理で重要な役割を果たしているが，管理図には(イ)計量値のデータを用いる場合，(ウ)計数値のデータを用いる場合があり，データの種類によって用いられる管理図はさまざまである。例えば，$\overline{X}$管理図は，製品特性の測定値の(エ)平均値をプロットしたもので，(イ)計量値のデータを用いる管理図である。また，不適合品数など，数えられたデータを示す(ウ)計数値を用いる管理図には，$c$管理図，$np$管理図などがある。」

計量値の管理図には，$\overline{X}$管理図のほかにも$\overline{X}-R$管理図など多く使用されている。

$c$管理図とは，計数値の管理図であり，面積や長さあるいはサンプルサイズが一定のとき，単位当たりの不適合品の数（欠点数）によって工程を管理する場合に用いる。例えば，プリント基板組立の半田付け不適合箇所の数，一定面積のキズなどによって，工程を管理する場合などがある。

$np$管理図とは，群の大きさ（サンプルデータ数）を示す$n$と不適合品率$p$をかけ合わせ，不適合品数$np$を算出してグラフにした図である。群の大きさである$n$が一定のときに，不適合品数をもとに品質を管理するのに使われる。例えば，群の大きさ（サンプルのデータ数）$n$が100個，不適合品率$p$が5％のとき，不適合品数$np$は$100\times0.05=5$個となる。

**【正解】** **1**

---

## 問 24

ある製造工程では，作られている製品の特性を一定のチェック間隔で測定して，工程の状態をチェックしている。この工程において，測定値$y$の製品特性

の目標値 $m$ からのずれ $\delta(\delta=|y-m|)$ の大きさが，あらかじめ決められた調整限界を超えていれば，そのずれをゼロに近づけるように工程の調整を行い，超えていなければそのまま工程を動かす管理方式を採用している。このとき，製品の測定，工程の調整にもコストがかかり，製品一個あたりについて，製品を測定するためのコストを $B$，工程を調整するためのコストを $C$ とする。さらに，$\delta$ の二乗平均を $\sigma^2$ で表せば，製品の特性が目標値からずれたことで発生する製品一個あたりの社会的損失 $L$（$L=k\sigma^2$，$k$：損失に関する定数）が求められる。

この管理方式の管理にかかるコスト $B$ 及び $C$ と，その結果作られる製品が目標値よりずれたことで発生する社会的損失 $L$ との和として，この管理方法の総合的な損失 $Q$ が求められる。この総合的な損失 $Q$ を小さくするように管理方法を最適化することができる。

$$Q=B+C+L$$

この考え方に基づく工程の管理方法の最適化に関する次の記述の中から，誤っているものを一つ選べ。

**1**　チェック間隔と調整限界は，工程管理の最適化のためのパラメータとなる。

**2**　チェック間隔を短くすると工程のドリフトが早く調整できるが，測定回数が増えるので $B$ と $L$ はともに大きくなる。

**3**　調整限界を小さくすれば，調整の頻度は上がり，$C$ は大きくなるが，工程のドリフトを早く調整できるため $L$ は小さくなる。

**4**　測定の精確さは，製品の目標値からのずれの二乗平均 $\sigma^2$ に影響を与え，さらに $L$ にも影響を与える。

**5**　現行の $Q$ と最適な管理方式のパラメータから求めた $Q$ とを比較することにより，最適な管理方式が，現行の工程管理方式よりどの程度改善されるかを定量的に推定できる。

---

**【題意】**　製造工程において行われるフィードバック制御によるオンライン計測管

理の方法について，考え方と内容について理解を問うもの。

**【解 説】** 製造工程において，作られている製品の特性を一定のチェック間隔で測定して，工程の状態をチェックして，測定値 $y$ の製品特性の目標値 $m$ からのずれ $\delta(\delta=|y-m|)$ の大きさが，あらかじめ決められた調整限界を超えていれば，そのずれをゼロに近づけるように工程の調整を行い，超えていなければそのまま工程を動かす管理方式は，フィードバック制御によるオンライン計測管理といわれる管理方式である。その概要を下の**図**に示す。

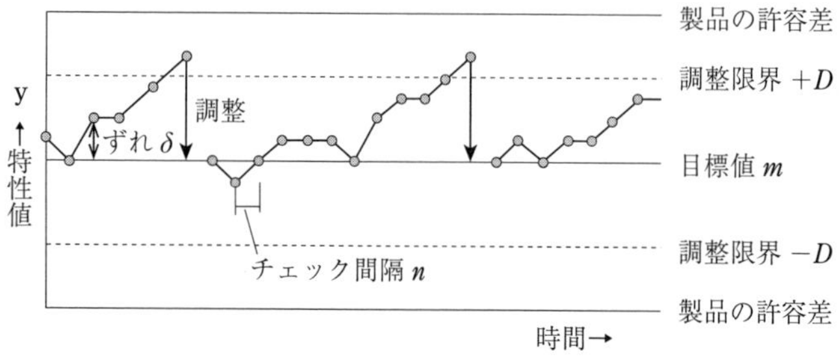


**図**　フィードバック制御によるオンライン計測管理の概要

設問の記述のとおり，上記の図で示すような管理方式では，製品の測定，工程の調整にもコストがかかり，製品一個あたりについて，製品を測定するためのコストを $B$，工程を調整するためのコストを $C$ とする。さらに，$\delta$ の二乗平均を $\sigma^2$ で表せば，製品の特性が目標値からずれたことで発生する製品一個あたりの社会的損失 $L$（$L=k\sigma^2$，$k$：損失に関する定数）が求められる。

この管理方式の管理にかかるコスト $B$ および $C$ と，その結果作られる製品が目標値よりずれたことで発生する社会的損失 $L$ との和として，この管理方法の総合的な損失 $Q$ が求められる。この総合的な損失 $Q$ は以下の式で表すことができ，$Q$ を小さくするような管理方法が最適化であり，オンライン計測管理の目的でもある。

$$Q=B+C+L$$

上記の図において，チェック間隔を修正すれば，製品を測定する頻度を変更できる。また，調整限界を修正すれば，調整限界を超える頻度を変更できる。つまり，チェック間隔と調整限界は工程管理の最適化のためのパラメータといえる。**1** は正しい。

チェック間隔を短くすると測定回数が増えるので $B$ が大きくなるが，工程のドリフトは時間的な要素であるため，チェック間隔を短くしても早く調整することにはならない。**2** は誤り。

調整限界を小さくすれば，当然に調整限界を超える頻度が増え，調整コスト $C$ が大きくなるが，その分工程のドリフトを早く調整でき，製品特性値の目標値からのずれが全体として小さく抑えることになり $L$ は小さくできる。**3** は正しい。

製品特性値を測定した値に誤差があると，その誤差は製品の目標値からのずれの二乗平均 $\sigma^2$ に影響を与え，その結果，損失 $L$ に影響を与えることになる。**4** は正しい。

現行の $Q$ と最適な管理方式のパラメータから求めた $Q$ とを比較することにより，最適な管理方式の改善の評価を損失関数により定量的に推定できる。**5** は正しい。

【正 解】 **2**

## 問 25

2019年（令和元年）7月1日より，JISと通称される規格は日本工業規格から日本産業規格へと名称が改められた。日本産業規格は産業標準を全国的に統一し，又は単純化することによって，鉱工業品等の品質の改善，生産能率の増進その他生産等の合理化，取引の単純公正化及び使用又は消費の合理化を図り，あわせて公共の福祉の増進に寄与することを目的としている。日本産業規格に関する次の記述の中から，正しいものを一つ選べ。

**1**　日本産業規格は任意標準であり，日本産業規格に適合しない製品の製造・販売・使用や，適合しない方法の使用などを禁ずるものではない。ただし，法令が日本産業規格を引用する場合，強制標準に準じる強制力をもつことがある。

**2**　電磁的記録などのデータや役務などのサービスは日本産業規格の標準化の対象分野ではない。

**3**　国及び地方公共団体が鉱工業品を買い入れるとき，日本産業規格を尊重して仕様を定める必要はない。

**4**　主務大臣の登録を受けた者の認証を受けずに日本産業規格への適合の表示を行った場合の罰則はない。

**5**　経済産業省内に日本産業規格に関する調査審議を行うための日本産業標準調査会が設置されているので，日本産業規格の主務大臣は経済産業大臣のみである。

---

【題意】日本産業規格の概要について知識を問うもの。

【解説】日本産業規格（JIS）は，産業標準化法に基づき，認定標準作成機関の申し出，または日本産業標準調査会（JISC）の答申を受けて，主務大臣が制定する規格である。日本産業規格は2019年7月より改称された名称であり，それ以前は日本工業規格という名称であった。

JISは基本的に任意標準であり，強制される標準ではない。よって，JISに適合しない製品の製造・販売・使用や，適合しない方法の使用などを禁ずるものではない。ただし，法令がJISを引用することがあり，例えば，計量法の特定計量器検定検査規則では検定検査方法についてはJISを引用している。**1**は正しい。

産業標準化法で産業標準化について標準化する事項として，電磁的記録の作成方法または使用方法および電磁的記録に関する試験または測定の方法が定められている。**2**は誤り。

JISは，国家標準であり，公的標準といえる。よって，国および地方公共団体が鉱工業品を買い入れるときは，JISを尊重して仕様を定めることが産業標準化法で決められている。**3**は誤り。

製品がJISの要求を満足していることをJISに適合しているというが，適合していることを適合性といい，JISへの適合性を取引者や需要者に示す手段として，通常，第三者による認証を取得することで，JISマークを表示することができる。認証を受けずに適合の表示を行えば，当然産業標準化法違反になり罰則が科せられる。**4**は誤り。

日本産業標準調査会（JISC）は，経済産業省に設置されている審議会で，産業標準化法に基づいて産業標準化に関する審議を行い，関係する主務大臣の建議や諮問に応じて答申を行っている。答申する主務大臣には経済産業大臣のみではなく環境大臣，厚生労働大臣，国土交通大臣，総務大臣，農林水産大臣，文部科学大臣，内閣総理大臣がある。**5**は誤り。

【正解】**1**

## 2.2　第72回（令和3年12月実施）

### 問 1

計測管理に関する次の記述の中から，誤っているものを一つ選べ。

**1**　計測管理とは，計測の目的を効率的に達成するため，計測の活動全体を体系的に管理することである。

**2**　計測管理の業務は，測定の計画，測定の実施，測定結果の活用に加えて，これらの活動をサポートし管理することまでの取り組みで構成されている。

**3**　測定では，常に外部の校正機関で校正された測定器を使用する必要がある。

**4**　測定で得られた測定値及びその不確かさの大きさが適正に求められていることを確認することは計測管理の重要な活動である。

**5**　計測管理を効果的に遂行するためには，計測管理担当部署だけでなく製造や検査などの担当部署も含めた組織全体での取り組みが重要である。

---

**題意**　計測管理の基本的な考え方と進めていくために必要な活動の取り組みについて問うもの。

**解説**　計測管理の定義は，「計測の目的を効率的に達成するため，計測の活動全体を体系的に管理することである。」である。**1** の記述は計測管理の定義の記述そのものである。**1** は正しい。

計測のプロセスには測定対象とする特性値の決定，測定器の選定，測定の方法・条件の選定などを決めて測定計画を立て，測定の実施，そして測定結果の活用を進めていくことである。こうした計測のプロセスを効率的に達成するためには，計測に関わる業務の活動をサポートし，管理する取り組みも必要となってくる。**2** は正しい。

計測のプロセスにおいては，目的に応じた測定を実行するためには，測定器の選定が重要になるが，測定結果の信頼性を確保するため，校正されている測定器を使用することが重要になるが，測定器の校正をどこで行うかは，測定の目的に応じ合理的に決定することがよいといえる。必ずしも常に外部の校正機関を利用することに限定する必要はなく，内部校正でも対応できる場合も考えられる。**3** は誤り。

計測の目的を達成するためには，測定で得られた測定値の信頼性，つまり不確かさの大きさが目的に対する判定，判断，結論に大きく影響することになる。よって，不確かさが適正に求められていることを確認することは，計測管理の重要な活動項目になり得る。**4** は正しい。

計測管理を効果的に遂行するためには，計測管理に直接携わる担当者だけではなく，関連する製造や検査，また設計や生産管理の担当部署も含めた組織全体での取り組みが重要なことである。**5** は正しい。

【正解】 **3**

---

【問】 **2**

測定の目的や活用に関する次の記述の中から，誤っているものを一つ選べ。

**1**　測定の計画では，測定の目的を明確にし，その目的を達成できるように測定対象量，測定システム，測定方法などを定める。

**2**　測定の計画では，測定の目的を達成するために必要な測定の不確かさが実現できるかどうかを検証することが重要である。

**3**　測定の現場では，定められた測定条件に基づき測定作業を実施し，測定対象に対して要求される基準に適合しないデータは廃棄する。

**4**　測定結果の活用では，測定結果の技術的な意味を明確にし，その情報に基づいて測定の目的が達成されたかどうかを確認する。

**5**　測定の目的の設定から目的達成の確認までの一連の活動を総括し，今後の測定に活かすことは計測管理の重要な役割である。

---

【題意】 測定の計画を立てる場合の考え方および測定結果の活用に関する知識を問うもの。

【解説】 測定の目的が明確になったならば，その目的を達成するために，まず測定対象量である特性値を決める。つぎにその特性値を測るための測定器選定を行う。さらにどのような方法・条件で測るかなどの測定システムを定めて測定の計画を立てる。また，測定の目的を達成するために必要な測定の不確かさが，実現できるかを検証することも重要である。**1** および **2** は正しい。

測定の現場では，定められた測定条件に基づいて測定を実施し，その測定対象に対して要求されている管理基準，許容差等に適合しているか否かを判定することになる。かりに測定結果が管理基準・許容差に適合しないデータが出た場合，都合によりそのデータを廃棄することは決して行ってはいけない。**3** は誤り。

測定結果が得られたならば，その結果が測定の目的に対して達成されたかどうかを確認し，さらに測定結果を解析し，技術的な意味を分析し，つぎの段階へのアクションの手がかりとなるように活用することが必要である。**4** は正しい。

測定の目的の設定から目的達成の確認までのプロセスを効率的に実行することが，計測管理の役割である。**5** は正しい。

【正 解】 **3**

---

## 問 **3**

「JIS Z 8103 計測用語」において規定されている，測定値の評価に用いられる用語や指標に関する次の記述の中で，誤っているものを一つ選べ。

**1** 「真度」及び「正確さ」は，かたよりの小さい程度を表す。

**2** 「精密さ」及び「精度」は，ばらつきの小さい程度を表す。

**3** 「精確さ」及び「総合精度」は，測定値の総合的な良さを表す。

**4** 「正確さ」と「精確さ」は，同じ発音であるが，意味は異なるので注意が必要である。

**5** かたよりの小さい程度を定量的に表すには，例えば「標準偏差」を用いることができる。

---

【題 意】 JIS Z 8103「計測用語」で規定されている測定値の評価に用いられる用語や指標について問うもの。

【解 説】 JIS Z 8103「計測用語：2019」で定義されている用語のうち「誤差及び不確かさ」で定義されている用語の知識に関する問である。

「真度」および「正確さ」は，「無限回の反復測定によって得られる測定値の平均と参照値との一致の度合い」と定義されている。“真度”は測定値のかたよりの小ささを表す概念である。**1** は正しい。

「精密さ」および「精度」は，「指定された条件の下で，同じ又は類似の対象について，反復測定によって得られる指示値又は測定値の間の一致の度合い」と定義されている。“精密さ”は，通常，指定された条件の下での標準偏差，分散，変動係数などの尺度によって数値で表される“ばらつき”の小さい程度を表す指標である。従来，機械・物理分野では“精度”を精確さの意味で使っており，科学分野では“精度”を精密さの意味で使ってきたが，現在では「精密さ」と「精度」は同じ意味で用いられることになっている。**2** は正しい。

「精確さ」および「総合精度」は，「測定値と測定対象量の真値との一致の度合い」と定義されており，測定値の総合的な良さを表す用語である。**3** は正しい。

「正確さ」と「精確さ」は，同じ発音であるが，上記のとおり意味は異なるので注意が必要である。**4** は正しい。

かたよりは系統誤差のうち，反復測定において一定のままである測定誤差の成分を表したものである。「標準偏差」はかたよりではなくばらつきを定量的に表した指標である。**5** は誤り。

**正 解**　**5**

### 問 4

2019 年 5 月 20 日に SI 基本単位のうちキログラム（質量），アンペア（電流），ケルビン（熱力学温度），モル（物質量）の定義が改定された。この改定によってすべての基本単位が基礎物理定数及びその他の不変定数を基にした定義となり，それぞれの基本単位間の依存関係は以下の**図**のようになった。図において，矢印が向かう SI 基本単位は，矢印の出発元となる基本単位に依存していることを示している。

下に示す選択肢のうち「真空中の光の速さ $c$」に依存せず定義される基本単位はどれか，下の中から一つ選べ。

**1**　秒（時間）

**2**　キログラム（質量）

**3**　ケルビン（熱力学温度）

**4**　メートル（長さ）

**5**　カンデラ（光度）

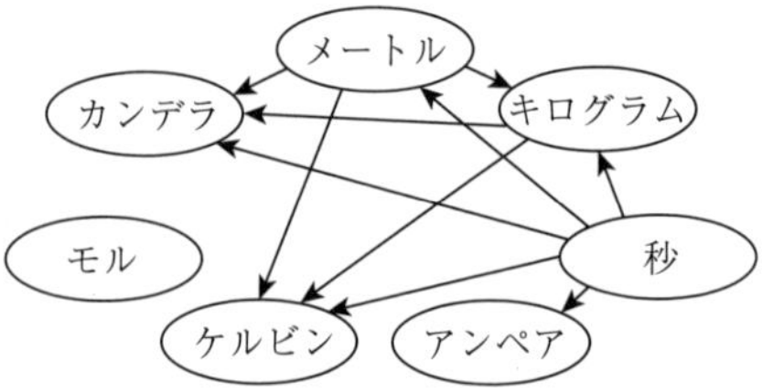


図　SI 基本単位の依存関係

【題意】 国際単位系（SI）の基本単位の定義改定に関する知識を問うもの。

【解説】 2019 年 5 月に計量単位令の改訂によって，SI 基本単位は基礎物理定数およびその他の不変定数を基にした定義となった。それぞれの基本単位間の依存関係は，設問の図のようになった。

SI 基本単位のうち「真空中の光の速さ $c$」に基づいて定義される基本単位は「長さ：メートル」である。よって，「メートル」から矢印が向かっている先の単位は「真空中の光の速さ $c$」に依存している単位であり，矢印が向かっていない単位が依存せず定義される単位である。その単位は「秒」，「アンペア」と「モル」である。したがって，**1** の「秒」が依存しない単位になる。

【正解】 **1**

## 問 5

ある測定で得られる測定値のばらつきには，測定者の違いに伴うばらつき（その母分散は $\sigma_A^2$）と，測定の繰返しに伴うばらつき（その母分散は $\sigma_B^2$）の二つの成分が含まれている。3 人の測定者がそれぞれ 4 回の繰返し測定を行うことで得られた計 12 個の測定値の平均値を求めるとき，この平均値の母分散を表す式として正しいものを，下の中から一つ選べ。

ただし，測定の繰返しに伴うばらつきと，測定者の違いに伴うばらつきは，統計的に独立であるとする。

**1** $\sigma_A^2+\sigma_B^2$

**2** $\dfrac{\sigma_A^2}{3}+\dfrac{\sigma_B^2}{4}$

**3** $\dfrac{\sigma_A^2}{3}+\dfrac{\sigma_B^2}{12}$

**4** $\dfrac{\sigma_A^2}{12}+\dfrac{\sigma_B^2}{4}$

**5** $\dfrac{\sigma_A^2}{12}+\dfrac{\sigma_B^2}{12}$

【題意】 測定のばらつきを表す分散の加法性の理解を問うもの。

**〔解 説〕** 設問から測定値の平均値は，測定者 3 人が 4 回の繰返しから，下の**表**のように求められる。

**表**　測定値の平均値

| 測定者 | 繰返し測定値 |
|---|---|
| 測定者 A1 | $x_{11}, x_{12}, x_{13}, x_{14}$ |
| 測定者 A2 | $x_{21}, x_{22}, x_{23}, x_{24}$ |
| 測定者 A3 | $x_{31}, x_{32}, x_{33}, x_{34}$ |
| 平均値 $\overline{x}$ | |

分散 $\sigma_A^2$（測定者 A1～A3）　分散 $\sigma_B^2$（繰返し測定値）

個々の測定値 $x_{ij}$ のばらつきは，測定者の違いによるばらつき $\sigma_A^2$ と繰返し測定によるばらつき $\sigma_B^2$ に分解できる。また，求められる平均値 $\overline{x}$ の分散は，測定者の違いによるばらつき $\sigma_A^2$ の平均のばらつきは 3 個の平均値であるから $\dfrac{\sigma_A^2}{3}$ になり，繰返し測定によるばらつき $\sigma_B^2$ の平均のばらつきは 12 個の平均値であるから $\dfrac{\sigma_B^2}{12}$ となる。よって，全体の平均値の分散は加法性の原理から

$$\frac{\sigma_A^2}{3}+\frac{\sigma_B^2}{12}$$

となる。**3** が正しい。

**〔正 解〕** **3**

## 問 6

測定の不確かさ評価に関する（ア）～（オ）の記述について，その正誤の組合せとして正しいものを，下の中から一つ選べ。

（ア）測定標準を用いて測定器を校正した後，測定試料を測定した。このときの測定標準の校正証明書の情報を測定試料の測定値の不確かさ評価に利用した。

（イ）校正から測定までの期間に測定器に生じ得る時間的変化（ドリフト）の効果を，測定の不確かさの要因の一つとした。

（ウ）トレーサビリティが確保された測定標準を用いて測定器を校正したので，その測定器の校正の不確かさをゼロとした。

（エ）合成標準不確かさに包含係数を乗じて拡張不確かさを求めた。

（オ）認証標準物質の認証値の拡張不確かさを分散の形で表した。

| | （ア） | （イ） | （ウ） | （エ） | （オ） |
|---|---|---|---|---|---|
| **1** | 正 | 誤 | 正 | 正 | 誤 |
| **2** | 正 | 正 | 誤 | 正 | 誤 |
| **3** | 誤 | 誤 | 正 | 誤 | 正 |
| **4** | 正 | 正 | 誤 | 誤 | 正 |
| **5** | 誤 | 誤 | 誤 | 正 | 誤 |

**【題意】** 校正の連鎖で生じる不確かさの理解と拡張不確かさの意味を問うもの。

**【解説】** 実際の試料を測定するときの測定条件が，測定器を校正したときの校正証明書に記載された校正条件と同じような場合は，校正の不確かさが試料測定の不確かさに利用できる。（ア）は正しい。

測定器は基本的に時間的経過に伴い時間的変化（ドリフト）が生じるものと考えられる。よって，測定器を校正したときの不確かさは，その後，時間経過に伴い測定器には時間的変化が生じるため，実際の測定時には時間的変化（ドリフト）の効果を不確かさの要因として含めなければならない。（イ）は正しい。

測定器の校正に用いる測定標準にも不確かさがあり，校正時にも不確かさが生じる。よって，測定器の校正の不確かさには，通常，校正に用いる測定標準の不確かさと校正作業時に生じる不確かさが加算された不確かさになる。（ウ）は誤り。

拡張不確かさは，合成標準不確かさに包含係数 $k$ を乗じて求められる。通常，拡張不確かさは包含係数は $k=2$ で計算され，この場合の信頼水準は約95%となる。（エ）は正しい。

認証標準物質とは，不確かさを伴う特性値およびトレーサビリティを与える，権威ある機関から発行された文書が添えられた標準物質である。与えられた認証値の拡張不確かさは，分散ではなく真の値がほぼ存在するばらつきの範囲を表した真の数値であり，通常，標準偏差の2倍に相当する信頼水準（約95%）で表した数値である。（オ）は誤り。

よって**2**の組合せが正しい。

**【正解】** **2**

**問 7**

無限個とみなすことができるほど多数の製品の中から $n$ 個の製品をランダムに抜き取り，各製品が適合品か不適合品かを判定する。1 個の製品が適合品である確率を $R$ とすると，抜き取った $n$ 個のうち $x$ 個が適合品である確率は以下の $P(x)$ で計算できる。この確率質量関数 $P(x)$ を持つ確率分布の名称として正しいものを，下の中から一つ選べ。ただし，$n$ は，$n = 1, 2, \ldots$ であり，$R$ は，$0 < R < 1$ である。

$$P(x) = \frac{n!}{x!(n-x)!} R^x (1-R)^{n-x}$$

**1**　2 項分布

**2**　正規分布

**3**　超幾何分布

**4**　$F$ 分布

**5**　ポアソン分布

**題 意**　2 項分布に関する知識を問うもの。

**解 説**　各種の確率分布に関する問である。2 項分布とは，結果が成功か失敗のいずれかである試行（ベルヌーイ試行と呼ばれる）を独立に $n$ 回行ったときの成功回数を確立変数とする離散確率分布である。設問では，成功を適合品，失敗を不適合品に置き換えた場合の記述である。二つの母数，つまり，適合品の確率 $0 < R < 1$，抜き取った個数 $n > 0$ に対する確率変数 $X$ の確率質量関数 $P(x)$ は

$$P(x) = \frac{n!}{x!(n-x)!} R^x (1-R)^{n-x}$$

である。**1** が正しい。

**正 解**　**1**

**問 8**

統計及び確率に関する用語の説明として，次の記述の中から誤っているものを一つ選べ。

**1**　サンプリングにより得られた値の和を，サンプリングした個数で割った量を，標本平均という。

**2**　サンプリングにより得られた値から，それらの標本平均を引いた偏差の 2 乗和を，サンプリングした個数から 1 を引いた数で割った量を，標本分散（不偏分散）という。

**3**　サンプリングにより得られた一対の値から，それぞれの標本平均を引いた偏差の積の和を，サンプリングした対の個数から 1 を引いた数で割った量を，標本共分散（不偏共分散）という。

**4**　標本分散の非負の平方根を標本標準偏差という。

**5**　標準分散を標本平均で割った量を標本変動係数という。

---

**【題 意】**　測定値の標本における基本統計量に関する知識を問うもの。

**【解 説】**　母集団からサンプリング（抽出）した有限個の値を「標本」または「試料」という。設問は，標本に関する基本的な統計量を求める計算方法についての問題である。

測定値を全部加えて，その個数で除した値を平均または平均値という。いわゆる測定値の算術平均である。**1** は正しい。

測定値の標本 $(x_1, x_2, ..., x_n)$ については，次式で表される値を標本分散という（不偏分散ともいう）。

$$s^2 = \frac{1}{n-1}\sum_{i=1}^{n}(x_i - \overline{x})^2 \tag{1}$$

**2** は正しい。

標本測定値について 2 変数 $x$，$y$ に関する $n$ 組の測定値 $(x_1, y_1)$, $(x_2, y_2)$, ... $(x_n, y_n)$ から，次式によって表される値を標本共分散という。

$$s_{xy} = \frac{1}{n-1}\sum_{i=1}^{n}(x_i - \overline{x})(y_i - \overline{y}) \tag{2}$$

**3** は正しい。

上記式 (1) の標本分散の正の平方根を標本標準偏差という。**4** は正しい。

変動係数は，標準偏差を平均で除した値である。普通，百分率で表される。変動係数は，ばらつきを相対的に表すもので，通常，変数が取る値が決して負にならない場合に用いられる。**5** の「標本分散」は「標本標準偏差」の間違いである。よって，**5** は誤り。

**正解**　**5**

**問 9**

相関・回帰に関する次の記述の中から，正しいものを一つ選べ。

**1**　因果関係が存在しない因子の間では，相関関係が認められることはない。

**2**　最小二乗法に基づく一次回帰分析を行って得た傾きの推定値は，説明変数と目的変数を入れ替えて一次回帰分析を行って得た傾きの推定値の逆数と等しい。

**3**　因子 A と様々な因子との間で相関分析を行い，因子 B との間に最も強い相関が認められれば，因子 A の変動の主要因は因子 B であると結論づけることができる。

**4**　多項式回帰分析を行う場合，多項式の次数を高くすればするほど当てはまりが良くなるため，できる限り高い次数の多項式回帰分析を行うほうが良い。

**5**　因果関係が存在する因子間であっても，因子間の関係が直線的でない場合は相関係数がほぼゼロとなる場合もある。

**題意**　相関分析と回帰分析の違いについて理解を問うもの。

**解説**　相関分析は，2 変数 $x$ と $y$ とが関係しているかもしれないと考えられるが，どちらが原因でどちらが結果かということは考えていない。つまり，因果関係を仮定していない。一方，回帰分析は，因果関係を仮定して分析を行っている。**1** は誤り。

回帰分析は，2 変数 $x$ と $y$ の因果関係を想定し，説明変数 $x$ と目的変数 $y$ の関係を，例えば一次回帰式 $y = a + bx$ として当てはめ，式を求めようとする分析である。この回帰式は，目的変数を説明変数で計算する式である。一次係数 $b$ を推定する方法は，目的変数と回帰式を用いて求めた推定値との差の二乗和誤差が最小になるように求める。つまり，最小二乗法である。この場合，誤差は目的変数の推定値 $\hat{y}$ に含まれることを仮定している。したがって，説明変数と目的変数を入れ替えて一次回帰分析を行うと傾きの推定値は異なるため，逆数とはならない。**2** は誤り。

相関分析は2変数の直線的な関係の強さを調べるものであるが，分散分析で行う因子の変動の分析では，ある因子の変動に与える差による影響を分析している。因子Aと因子Bとの間の相関が強いことだけで主要因と決めつけることはできない。**3** は誤り。

2変数の関係を多項式回帰分析で行う場合，多項式の次数を高くする意味は，2変数の関係に二次式，三次式などの高次の成分が多い場合には多項式の次数を高くする意味はあるが，必ずしも高次にすればよいというわけではなく，推定値との誤差分散が小さくなる次数で推定することが最適となる。**4** は誤り。

相関係数は，2変数の直線的な関係の強さを表したもので，2変数の関係が直線的ではなく高次の成分による関係である場合には，相関係数がほぼゼロとなる場合もあり得る。**5** は正しい。

【正解】 **5**

## 問 **10**

測定方法の改善を目的とする実験では，その測定方法に関わる様々な変数が因子としてとりあげられる。これらの因子には，信号因子，誤差因子（ノイズ因子ともいう），制御因子，標示因子，及びブロック因子（層別因子ともいう）などがある。次の（ア）から（オ）の説明文は，それぞれこれらの中の一つの因子を説明したものである。各説明文と因子を対応づけた下の組合せの中から，正しいものを一つ選べ。

（ア）測定器の出力のばらつきの原因となる使用条件・環境条件や測定システムの内部変数などで，現実の測定の場では制御できないが，実験ではその影響を意図的に出力に含ませるためにとりあげる因子

（イ）いくつかの水準を設定し，その中から最適な水準を選ぶ目的でとりあげる因子

（ウ）水準を指定することはできるが，最適な水準を選ぶことが目的ではなく，その因子の水準ごとにほかの因子の最適水準を知る目的でとりあげる

因子

(エ) この因子の主効果やほかの因子との相互作用を，現実の測定の場で利用することはできないが，実験の中でこれを無視してしまうと実験誤差が大きくなるため，実験誤差からその効果を分離して実験精度を高めるためにとりあげる因子

(オ) 測定器の出力を意図的に変化させる目的でとりあげる因子で，その水準設定のために値が既知の測定標準が利用されることが多い因子

| | (ア) | (イ) | (ウ) | (エ) | (オ) |
|---|---|---|---|---|---|
| **1** | 信号因子 | ブロック因子 | 標示因子 | 誤差因子 | 制御因子 |
| **2** | 制御因子 | 誤差因子 | 信号因子 | 標示因子 | ブロック因子 |
| **3** | 制御因子 | 信号因子 | ブロック因子 | 誤差因子 | 標示因子 |
| **4** | ブロック因子 | 標示因子 | 誤差因子 | 制御因子 | 信号因子 |
| **5** | 誤差因子 | 制御因子 | 標示因子 | ブロック因子 | 信号因子 |

**【題 意】** 要因実験において取り上げる因子の種類に関する知識を問うもの。

**【解 説】** 要因実験において設定する因子は，実験の目的に応じた因子を選定することが重要となる。以下に，おもな因子の種類を示す。

(1) 制御因子：いくつかの水準を設定し，その中から最適な水準を選ぶ目的で取り上げる因子。応用の場ではその水準を制御できることが必要である。

(2) 誤差因子：出力のばらつきの原因となる使用条件・環境条件やシステムの内部変数などで，応用の場では制御できないが，実験ではその影響を意図的に出力に含ませるために取り上げる因子。すなわち，実験においてノイズレベルを設定するための因子。ノイズ因子ともいう。

(3) 標示因子：水準を指定することはできるが，最適な水準を選ぶことが目的ではなく，その水準ごとに他の因子の最適水準を知る目的で取り上げる因子。すなわち，他の因子との交互作用を調べることを目的とする因子。

(4) ブロック因子：実験の精度を上げる目的で実験の場を層別するために取り上げる因子。層別因子ともいう。この因子の主効果やほかの因子との交互作用を応用の場で利用することはできないが，実験の中でこれを無作為化してしまうと実験

誤差が大きくなるため，実験誤差からその効果を分離して実験精度を高めるために取りあげる因子。

(5)　信号因子：システムの機能が入力と出力の間の対応関係であるときに，出力を意図的に変化させる入力として取り上げる因子。測定システムを対象とする実験では，値の異なる測定対象量が信号因子であり，その水準設定のために，値が既知の測定標準が利用されることが多い。

以上から，（ア）は誤差因子，（イ）は制御因子，（ウ）は標示因子，（エ）はブロック因子，（オ）は信号因子の説明を記述したものである。よって**5**の組合せが正しい。

【正 解】 **5**

## 問 11

測定標準とトレーサビリティに関する次の記述の中から，誤っているものを一つ選べ。

**1**　現場で使用する測定器から得られる測定値が，国家標準又は国際標準にトレーサブルであるためには，校正に使用する測定標準のトレーサビリティを確保しておくことが必要である。

**2**　どの測定器を使用しても，ある範囲で同等とみなせる値が得られるようにするための方法の一つが，測定器のトレーサビリティを確保しておくことである。

**3**　測定のトレーサビリティを確保しても，個々の測定値のばらつきをゼロにすることはできない。

**4**　測定器の校正では，用いた測定標準の値と，それを測定したときの測定器の指示値との差の大きさがある値以内であることが，トレーサビリティの確保された校正であることの条件である。

**5**　全ての測定器を社内の最上位の測定標準で適切に校正し，かつ，その測定標準を外部の校正機関でトレーサビリティの確保された校正をしておくことは，社内の測定のトレーサビリティを確保する方法の一つである。

**〔題 意〕** 測定トレーサビリティの意味とその効果について基本的な理解を問うもの。

**〔解 説〕** 現場で使用する測定器による測定値がトレーサブルであるためには，その測定器をトレーサビリティの確保された測定標準で校正しておくことが必要である。**1** は正しい。

トレーサビリティを確保することの効果は，トレーサビリティが確保された測定器であれば，どの測定器であっても得られた測定値は，ある範囲で同等とみなせる値が得られるようになることである。ある範囲というのは不確かさで表される範囲である。**2** は正しい。

測定のトレーサビリティには不確かさが必ず付与されるものである。つまり，測定値はばらつくものであるということを前提としている。測定のトレーサビリティを確保するということは，個々の測定値のばらつきをゼロにすることではない。**3** は正しい。

校正とは，測定標準の値と測定器の指示値との関係を確立することである。測定標準の値と測定器の指示値との差が大きいから校正ができないということはない。また，トレーサビリティの確保された校正であることの条件とは関係がない。**4** は誤り。

測定のトレーサビリティを確保する方法には，測定器をすべて外部の校正機関でトレーサビリティの確保された校正を受ける方法もあるが，社内の最上位の測定標準のみを外部の校正機関で校正し，その測定標準で社内のすべての測定器を適切に校正することによりトレーサビリティを確保する方法もある。**5** は正しい。

**〔正 解〕** **4**

## 問 12

「JIS Z 8103 計測用語」において，次の文章で定義される用語として正しいものを，下の中から一つ選べ。

「個々の校正が不確かさに寄与する，切れ目なく連鎖した，文書化された校正を通して，測定結果を参照基準に関係付けることができる測定結果の性質。」

**1**　トレーサビリティ

**2**　校正階層

**3**　拡張不確かさ

**4**　測定結果の比較性

**5**　測定結果の両立性

---

**【題　意】**　トレーサビリティの定義に関する知識を問うもの。

**【解　説】**　JIS Z 8103「計測用語」において「トレーサビリティ」は以下のとおり定義されている。

「個々の校正が不確かさに寄与する，切れ目なく連鎖した，文書化された校正を通して，測定結果を参照基準に関係付けることができる測定結果の性質。」

この定義から，トレーサビリティには不確かさが伴っていること，確立された校正階層が必要であることがわかる。また，参照基準には注記において「この定義では "参照基準" は，現示された測定単位の定義，順序尺度量でない量の測定単位を含む測定手順，又は測定標準のいずれともなり得る。」との記載がある。**1** が正しい。

**【正　解】**　**1**

## 問 13

ある測定器は，測定対象量の値 $M$ と測定器の読み $y$ の関係を零点比例式で表すことができる。この測定器を「JIS Z 9090 測定 － 校正方式通則」に基づき校正するときの一連の手順は，次の（ア）～（エ）である。この校正手順に関する下の記述の中から誤っているものを一つ選べ。

（ア）$M$ と $y$ の関係式は $y=\beta M$ で表され，また修正限界 $D$ はあらかじめ定めておく。

（イ）標準の値 $M_0$ を測定したときの測定器の読み $y_0$ を得た。このときの測定値 $\widehat{M}$ を，これまで用いてきた校正式 $\widehat{M}=y_0/\widehat{\beta}$ から求め，$\left|\widehat{M}-M_0\right|$ と $D$ とを比較した。

（ウ）$\left|\widehat{M}-M_0\right|>D$ であったので関係式の修正を行う。修正では，$k$ 個の標準の値 $M_1, M_2, ..., M_k$ について，それぞれ繰返し $n$ 回の読み $y_{ij}$（$i=1, 2, ..., k, j=1, 2, ..., n$）を得た。これらのデータ及び次の式より新しい感度係数

$\widehat{\beta'}$ を求めた。

$$\widehat{\beta'} = \frac{\sum_{i=1}^{k}\sum_{j=1}^{n} M_i y_{ij}}{n\sum_{i=1}^{k} M_i^2}$$

(エ) 校正後の新たな測定値を，読み $y$ と感度係数 $\widehat{\beta'}$ を用いた新しい校正式 $\widehat{M} = y/\widehat{\beta'}$ から求める。

**1**　(ア) の修正限界は，通常この測定対象における許容値よりも小さい値を採用する。

**2**　(ウ) は修正と呼ぶのに対し，(イ) は点検という。

**3**　(イ) で $|\widehat{M} - M_0|$ が $D$ を超えない場合は，修正は不要である。

**4**　(ウ) で求めた感度係数 $\widehat{\beta'}$ の値は，通常これまでに用いてきた $\widehat{\beta}$ の値とは異なる。

**5**　(エ) で求めた測定値の誤差は，通常 (イ) の段階で読みから求めた測定値の誤差よりも大きい。

---

**【題 意】** JIS Z 9090「測定 － 校正方式による校正方式通則」の内容について知識を問うもの。

**【解 説】** JIS Z 9090「測定 － 校正方式通則」による校正の手順としては，まず，測定標準を用いて現状の測定器の点検を行い，その誤差が修正限界を超えているかどうかを判定し，もし超えていたら関係式を修正するため，測定標準により修正 (校正) を行い，校正後の校正式を用いて測定値を求めることになる。

点検の結果から修正するかどうかの基準となる修正限界の決め方は，測定対象における許容差より小さい値にしなければならない。**1** は正しい。

標準の値 $M_0$ を測定したときの測定器の読み $y_0$ を得て，これまで用いてきた校正式から測定値 $\widehat{M}$ を求め，標準の値との差 $|\widehat{M} - M_0|$ が修正限界を超えるかどうかを比較する。これが点検である。もし，$|\widehat{M} - M_0|$ が $D$ を超えない場合は，修正はしない。**3** は正しい。

反対に $|\widehat{M} - M_0|$ が $D$ を超えた場合は，関係式の修正を行う。修正は $k$ 個の標準の値

$M_1, M_2, \ldots, M_k$ について，測定を得て新しい校正式を求め直す。**2** は正しい。

求め直した校正式の感度係数 $\widehat{\beta'}$ は，通常これまで用いてきた校正式の感度係数 $\widehat{\beta}$ とは異なる。**4** は正しい。

新しく求め直した校正式によって求めた測定値の誤差は，通常，点検時に求めた誤差 $\left|\widehat{M} - M_0\right|$ より小さい。**5** は誤り。

**【正解】** **5**

---

## 問 14

「JIS Z 8103 計測用語」に定められた校正に関する次の記述の中から，誤っているものを一つ選べ。

**1**　校正の第一段階では，測定標準によって提供される不確かさを伴う量の値とそれに対応する指示値との不確かさを伴う関係を確立する。

**2**　校正の第二段階では，第一段階の情報を用いて測定器の指示値から測定結果を得るための関係を確立する。

**3**　校正は，主に測定器の使用において生じる測定値の偶然誤差を除くために実施する。

**4**　校正に用いる測定標準の不確かさ及び校正作業に伴う不確かさは，その校正を受けた測定器を用いて求める測定値の不確かさに影響する。

**5**　校正は，自己校正と呼ばれる測定システムの調整と混同すべきではない。

---

**【題意】** JIS Z 8103「計測用語」に定められている校正の定義の内容について問うもの。

**【解説】** JIS Z 8103「計測用語」で定められている「校正」の定義は以下のとおりである。

「指定の条件下において，第一段階で，測定標準によって提供される不確かさを伴う量の値とそれに対応する指示値との不確かさを伴う関係を確立し，第二段階で，この情報を用いて指示値から測定結果を得るための関係を確立する操作。」である。

上記の校正の定義に示されているように，第一段階では測定標準と測定器の指示値との関係を確立し，第二段階では第一段階の情報を用いて，未知の量を測定したときの指示値から測定結果を得るための関係を確立することである。**1**，**2** は正しい。

校正によって除くことができるのは系統誤差であって，偶然誤差を除くことはできない。**3** は誤り。

校正によって生じる不確かさは，おもに測定標準の不確かさと校正作業に伴う不確かさである。校正の不確かさは，校正を受けた測定器を用いてある量を測定したときに生じるので，測定値の不確かさに当然及ぶことになる。**4** は正しい。

JIS Z 8103「計測用語」の「校正」の定義において，注記として「校正は“自己校正”と呼ばれる測定システムの調整，又は校正の検証と混同すべきでない。」との記述がある。**5** は正しい。

【正 解】 **3**

【問】 **15**

測定の SN 比とは，測定対象量の値の変化に対して，測定器が確実にその変化量を検出し，指示値として示すことができるかどうかを表した指標である。ある測定器において，測定対象量の値を $x$，測定器の指示値を $y$ としたときの $x$ と $y$ の関係式を $y=\alpha+\beta x+\varepsilon$ とする。ここで，$\alpha$ は $y$ 切片，$\beta$ は回帰係数，$\varepsilon$ は指示値の誤差である。この測定器によりいくつかの $x$ に対する読み $y$ を得たところ，$\varepsilon$ の標準偏差 $\sigma$ が $\sigma=0.1$ で $\beta=1$ であった。このとき，この測定の SN 比を真数で表した値として，正しいものを一つ選べ。

**1**　0.01

**2**　0.5

**3**　10

**4**　100

**5**　1 000

【題 意】 測定の SN 比の内容と SN 比を求める計算式について知識を問うもの。

【解 説】 測定の SN 比 $\eta$ は，測定器の測定量に対する感度係数または回帰係数を $\beta$，測定器の指示値のばらつきを標準偏差で表した値を $\sigma$ とすると

$$\eta = \frac{\beta^2}{\sigma^2} \tag{1}$$

で求められる。

設問の記述から，$\sigma = 0.1$，$\beta = 1$ であるので，この場合の SN 比は

$$\eta = \frac{\beta^2}{\sigma^2} = \frac{1^2}{0.1^2} = \frac{1}{0.01} = 100$$

となる。**4** が正しい。

【正 解】 **4**

## 問 16

測定条件を適切に選択することにより測定システムの SN 比の改善を図りたい。そのための改善実験に関する次の記述の中から，誤っているものを一つ選べ。

**1**　測定条件によって SN 比を改善する実験では，測定条件を制御因子として選び，その水準の組合せで実験を行い，SN 比を求め，SN 比の大きい制御因子の水準の組合せを最適条件として選ぶことができる。

**2**　いろいろな測定条件の下で，測定環境の変化を誤差因子とした SN 比を求め，それらの SN 比を比較することによって，測定環境の変化に対してロバストな測定条件を選ぶことができる。

**3**　SN 比を改善するための実験では，SN 比を比較するための内側実験計画と SN 比を求めるための外側実験計画の直積実験を行う。内側実験計画には信号因子を割付け，外側実験計画には制御因子，誤差因子を割付ける。

**4**　制御因子の水準ごとの SN 比の平均値をプロットした要因効果図は，最適条件の選定に使用される。

**5**　測定条件の改善効果は，制御因子の最適条件における SN 比と，ベースラインとした現行条件における SN 比との差で求められる。

【題 意】 測定の SN 比の改善を目的としたパラメータ設計の手法に関する理解を問うもの。

**解 説**　測定条件によってSN比を改善することを目的とした実験では，測定条件を制御因子として選び，その水準の組合せで実験を行い，その組合せごとにSN比を求め，SN比の最も大きい制御因子の水準の組合せを最適条件として選ぶことで改善することができる。**1** は正しい。

いろいろな測定条件の下で，測定環境の変化を誤差因子としてSN比を求め，それらのSN比が大きくなった条件を選ぶことで，測定環境の変化に対してロバスト（頑健な）な測定条件を選ぶことができる。**2** は正しい。

SN比を改善するための実験では，SN比を比較するための内側実験計画とSN比を求めるための外側実験計画の直積実験を行う。これはパラメータ設計と呼ばれる方法である。この場合，内側実験計画には制御因子を割付け，外側実験計画には信号因子，誤差因子を割付ける。**3** の記述は信号因子と制御因子が逆になっており誤り。

制御因子の水準ごとのSN比の平均値をプロットした要因効果図から，最もSN比が大きい水準を選ぶことで最適条件を選定できる。**図**にその例を示す。**4** は正しい。

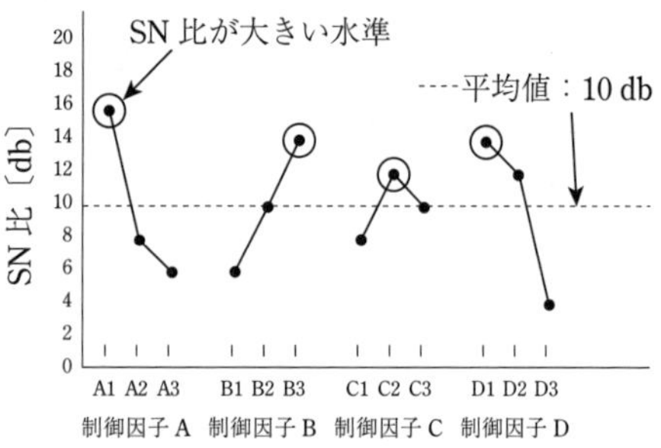


図　制御因子ごとのSN比の平均値をプロットした要因効果図の例

測定条件の改善効果は，制御因子の最適条件におけるSN比と，ベースラインとした現行条件におけるSN比との差から求めることができる。**5** は正しい。

**正 解**　**3**

## 問 17

計測系の特性に関する次の記述の空欄（ア）～（ウ）に入る語句の組合せとして正しいものを，下の中から一つ選べ。

計測系における入力信号が時間経過に伴って変動するときの出力信号の特性を（　ア　）という。この（　ア　）には，入力信号の形によって過渡応答や周波数応答などが含まれる。例えば，過渡応答は入力信号がある定常状態から他の定常状態へ変化したときの応答で，入力信号がステップ状に変化したときの応答をステップ応答という。

いま，ある計測系のステップ応答 $y(t)$ が次式で与えられる場合を考える。

$$y(t)=K\left(1-e^{-\frac{t}{\tau}}\right)$$

ここで，$t$ は時間，$K$ は出力の定常値，$\tau$ は応答の速さを特徴づける時定数，また，$e$ は自然対数の底で，その値は約 2.7 である。

この式の中で，時定数 $\tau$ は出力信号の大きさが $K$ の大きさの（　イ　）になるまでの時間である。この式で表わされる出力信号 $y(t)$ は，時間の経過とともに $K$ の値に漸近する。その応答速度は $\tau$ に依存し，$\tau$ の値が（　ウ　）ほど応答が速くなる。

| | （ア） | （イ） | （ウ） |
|---|---|---|---|
| **1** | 静特性 | 約 95% | 大きい |
| **2** | 動特性 | 約 63% | 小さい |
| **3** | 動特性 | 約 95% | 小さい |
| **4** | 動特性 | 約 63% | 大きい |
| **5** | 静特性 | 約 63% | 小さい |

**題意**　計測系の動特性における過渡応答の知識を問うもの。

**解説**　計測系において，入力信号が時間経過に伴って変動するときの計測系の出力信号の特性を (ア)動特性という。この (ア)動特性には，入力信号の形によって過渡応答や周波数応答などが含まれる。例えば，過渡応答には，入力信号がある定常状態から他の定常状態へ変化したときの応答で，入力信号がステップ状に変化したときの応答をステップ応答（**図**を参照）といい，以下の関数式で与えられる。

$$y(t)=K\left(1-e^{-\frac{t}{\tau}}\right)$$

ここで，$t$ は時間，$K$ は出力の定常値，$\tau$ は応答の速さを特徴づける時定数，$e$ は自然

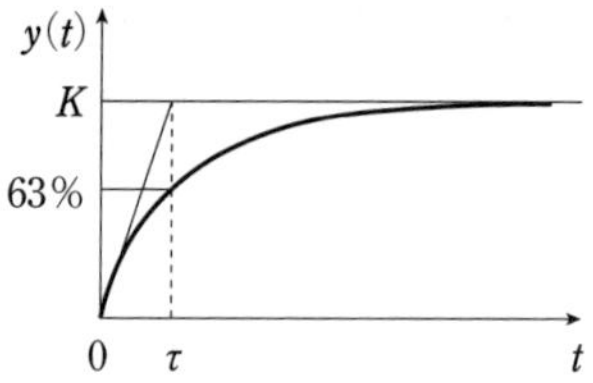


図　ステップ応答

対数の底で，その値は約 2.7 とする。

この式の中で，時定数 $\tau$ は出力信号の大きさが $K$ の大きさの (イ)63%になるまでの時間である。この式で表される出力信号 $y(t)$ は，時間の経過とともに $K$ の値に漸近する。その応答速度は $\tau$ に依存し，$\tau$ の値が (ウ)小さいほど応答が速くなる。**2** が正しい。

【正 解】 **2**

## 問 18

測定データの伝送と処理に関する次の記述の空欄（ア）～（エ）に入る語句の組合せとして正しいものを，下の中から一つ選べ。

データ伝送の目的は，情報を離れたところに誤りなく伝えることにあり，測定データの伝送に用いる信号は処理装置に適合すると共に，伝送に際し波形が変化し（　ア　）ものを選択する。信号には，波形を（　イ　）に伝送するアナログ信号と，波形を（　ウ　）に伝送するデジタル信号があり，例えば，プロセス計装のダイレクトな信号として広く用いられている空気圧や電圧，電流などは（　エ　）信号である。

近年のシステム構築では，より大容量の情報のやりとりが必要とされ，高速化・長距離化・高信頼性化など，伝送の技術革新・質向上が要求されている。

| | （ア） | （イ） | （ウ） | （エ） |
|---|---|---|---|---|
| **1** | 易い | 連続的 | 離散的 | アナログ |
| **2** | 易い | 離散的 | 連続的 | デジタル |
| **3** | 難い | 連続的 | 離散的 | アナログ |

**4** 難い 離散的 連続的 アナログ

**5** 難い 連続的 離散的 デジタル

---

**［題 意］** 信号伝送の種類，特徴などの基本的な知識を問うもの。

**［解 説］** データ伝送の目的は，情報を離れたところに誤りなく伝えることにある。データ伝送システムの基本構成を**図**に示す。

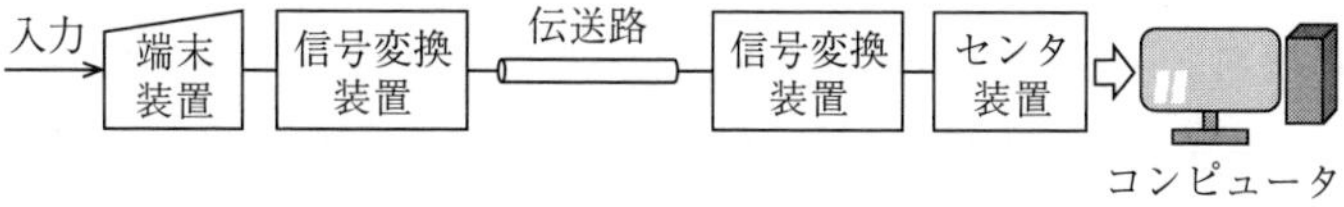


図 データ伝送システムの基本構成

測定データの伝送に用いる信号は，処理装置に整合すること，伝送に際して波形が変形し(ア)難いこと，さらに外部環境からの影響を受け難いことなどが要求される。信号には，波形を(イ)連続的に伝送するアナログ信号と，波形を(ウ)離散的に伝送するデジタル信号があり，例えば，プロセス計装のダイレクトな信号として広く用いられている空気圧や電圧，電流などは(エ)アナログ信号である。近年のシステム構築では，より大容量の情報のやり取りが必要とされ，高速化・長距離化・高信頼性化など，伝送の技術革新・質向上が要求されている。**3** が正しい。

**［正 解］** **3**

## 問 19

コンピュータ上で数値を表現するときには，10 進法以外に 2 進法や 16 進法が利用される。$n$ 進法で表現された数値を $(\text{数値})_n$ のように表記することとする。例えば $(2A)_{16}$ は，16 進法で表された 2 桁の数値 2A を表す。このとき，次の等式の中から誤っているものを一つ選べ。

ただし，16 進法では，10 進法の 10 から 15 の数値を A から F と表すこととする。

**1** $(12)_{16}=(18)_{10}$

**2** $(A0)_{16}=(160)_{10}$

**3**　$(1010)_2 = (10)_{10}$

**4**　$(23)_{10} = (11111)_2$

**5**　$(88)_{16} = (10001000)_2$

---

**【題 意】** 16 進法に関する知識について問うもの。

**【解 説】** 16 進法とは，16 の値ごとに繰り上がり，10 進法の数字に加えて 10 から 15 までの数字を A から F で代用する表現方法である。

2 進法の 4 桁はちょうど 16 進法の 1 桁にあたり，“1111” という 2 進法の値は，10 進法だと 15 であるが，16 進法なら “F” になる。長い 2 進法の数値でも 4 桁ごとに区切って，それぞれを 16 進法の数値の 1 文字に置き換えることができるので，コンピュータ分野においてはマシン言語の表記に用いられている。

| 10 進法 | 16 進法 | 2 進法 |
|---|---|---|
| 0 | 0 | 0 |
| 1 | 1 | 1 |
| 2 | 2 | 10 |
| 3 | 3 | 11 |
| ・<br>・ | | |
| 10 | A | 1010 |
| 11 | B | 1011 |
| 12 | C | 1100 |
| 13 | D | 1101 |
| 14 | E | 1110 |
| 15 | F | 1111 |
| 16 | 10 | 10000 |

各選択肢について計算をしてみると

**1**：$(12)_{16} = 16 + 2 = (18)_{10}$　正しい。

**2**：$(A0)_{16} = 16 \times 10 = (160)_{10}$　正しい。

**3**：$(1010)_2 = 2^3 + 2^1 = (10)_{10}$　正しい。

**4**：$(23)_{10} =$ 10 進数の 23 は以下のとおり 2 進数に変換する。

23 ÷ 2 = 11 ‥余り 1
11 ÷ 2 = 5 ‥余り 1
5 ÷ 2 = 2 ‥余り 1
2 ÷ 2 = 1 ‥余り 0
1 ÷ 2 = 0 ‥余り 1

よって 2 進数で表すと $(10111)_2$ となり **4** は誤り。

**5**：$(88)_{16} = 16 \times 8 + 8 = (136)_{10}$　10 進数の 136 を以下のとおり 2 進数に変換する。

136 ÷ 2 = 68 ‥余り 0
68 ÷ 2 = 34 ‥余り 0
34 ÷ 2 = 17 ‥余り 0
17 ÷ 2 = 8 ‥余り 1
8 ÷ 2 = 4 ‥余り 0
4 ÷ 2 = 2 ‥余り 0
2 ÷ 2 = 1 ‥余り 0
1 ÷ 2 = 0 ‥余り 1

2 進数で表すと $(10001000)_2$ となり **5** は正しい。

**【正　解】 4**

## 問 20

「JIS Z 8115 ディペンダビリティ（総合信頼性）用語」の保全に関する次の記述の中から，誤っているものを一つ選べ。

**1**　予防保全は，アイテムの劣化の影響を緩和し，かつ，故障の発生確率を低減するために行う保全である。

**2**　事後保全は，フォールト（故障状態）検出後，アイテムを要求どおりの実行状態に修復させるために行う保全である。

**3**　事後保全には，規定した時間計画に従って実行される時間計画保全と，物理的状態の評価に基づく状態基準保全がある。

**4**　繰延べ保全は，フォールト（故障状態）の検出後直ちに開始しないで，規定の保全規則に従って，その必要性を明確にした後に時期を繰り延べて実行する事後保全である。

**5**　経時保全は予防保全の一種であり，アイテムが予定の累積動作時間に達したとき行う。

---

**【題　意】** JIS Z 8115「ディペンダビリティ（総合信頼性）用語」で規定する保全に関

する用語の知識を問うもの。

**解 説** 「保全とは，アイテムが要求通りに実行可能な状態に維持され，又は修復されることを意図した，全ての技術的活動及び管理活動の組合せ。」と定義されている。保全は管理上の分類として以下のように分けられる。

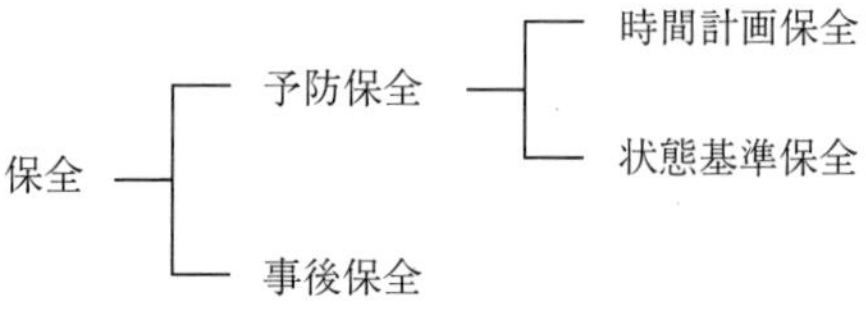


予防保全とは，「アイテムの劣化の影響を緩和し，かつ，故障の発生確率を低減するために行う保全」である。**1** は正しい。

事後保全とは，「フォールト（故障状態）検出後，アイテムを要求どおりの実行状態に修復させるために行う保全」である。**2** は正しい。

予防保全には，上記の図のとおり，規定した時間計画に従って実行する時間計画保全と，物理的状態の評価に基づいて実行する状態基準保全がある。**3** の冒頭の「事後保全」は誤りで，正しくは「予防保全」である。**3** は誤り。

繰延べ保全とは，フォールトの検出後直ちに開始しないで，規定の保全規則に従って，その必要性を明確化した後に，時期を繰り延べて実行する事後保全である。**4** は正しい。

経時保全とは，アイテムが予定の累積動作時間に達したときに行う予防保全である。**5** は正しい。

**正 解** **3**

## 問 21

品質管理の活動に関する次の記述の中で，誤っているものを一つ選べ。

**1**　品質管理の改善ではPDCAサイクルが重要視されており，改善を計画 ― 実施 ― 評価 ― 処置という流れで進めることにより，合理的，効率的に改善を行うことができる。

**2**　測定により得られた数値データから測定対象の特徴を明らかにする技法

の一つとして，特性要因図法がある。

**3**　工程の管理や解析のために用いられる管理図は，連続したサンプルから得られた統計量の値を特定の順序で打点した図であり，打点される統計量の種類によって，種類と用途が分かれている。

**4**　製品の検査では，ある決められた方法で製品を測定し，個々の製品又は製品群が目的とした仕様を満足しているかどうかの判断を行う。

**5**　品質管理のための計測として，製品の検査の他に，製造工程管理のための計測，開発設計段階で行われる計測などがある。

---

**【題　意】**　品質管理で用いられる PDCA，特性要因図，管理図，製品検査について知識を問うもの。

**【解　説】**　品質管理の改善で行う PDCA とは，Plan（計画），Do（実行），Check（評価），Action（改善・対策）の頭文字を取ったもので，マネジメントの品質を高めるためのフレームワークである。**1** は正しい。

特性要因図とは，ある問題の改善，解決を図ろうとするとき，広い視野から状況を検討するためのもので，下の**図**のように目的とする結果特性と，その結果をもたらす要因（原因・手段）に分かれ，魚の骨のような形をしている。**2** で記述の数値データから測定対象の特徴を明らかにする技法ではない。**2** は誤り。

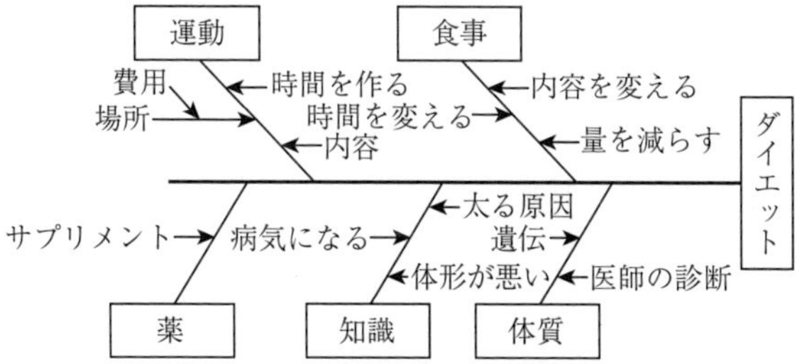


図　要因効果図の例

管理図とは，工程において管理したいデータを時間の経過とともに打点した図であり，打点される統計量の種類によって，以下の**表**に示すような種類がある。**3** は正しい。

表　管理図の例

| 名　称 | データの種類 | 管理する特性 |
|---|---|---|
| $\overline{X}-R$ 管理図 | 計量値 | 平均と範囲 |
| $s$ 管理図 | 計量値 | 群の標準偏差 |
| メディアン管理図 | 計量値 | 群のメディアン |
| $p$ 管理図 | 計数値 | 不適合品率 |
| $np$ 管理図 | 計数値 | 不適合品数 |

製品検査には，全数検査と抜取検査があり，ある決められた方法で製品を測定し，個々の製品または製品群（ロット）の合否を判断することが製品検査である。抜取検査の場合には，ロットからあらかじめ定められた抜取検査方式に従って，サンプルを抜取り検査して，その結果をロットの判定基準と比較してロットの合格・不合格を判定する検査である。**4** は正しい。

品質管理のために行う計測には，製品の検査のための計測，製造工程の管理のための計測，そして，製品の開発設計段階で行われる計測がある。製品検査と製造工程で行う計測管理はオンライン計測管理，製造前に行う開発設計段階の計測管理はオフライン計測管理と言われている。**5** は正しい。

【正 解】 **2**

## 問 **22**

次の（ア）から（エ）は，サンプリングに関する説明である。（ア）から（エ）の説明の正誤の組合せとして正しいものを，下の中から一つ選べ。

（ア）サンプリング個数や採取量を大きくしても，母集団のパラメータの推定精度は向上しない。

（イ）サンプリングした試料を測定するとき，測定結果に影響を与え得る要因として，採取時期，採取方法，採取量，試料の保存条件などがある。

（ウ）集落サンプリングは，母集団をいくつかの集落に分け，その集落の中からいくつかの集落をランダムに選び，選んだ集落についてはそれに含まれるサンプリング単位をすべて取るサンプリングである。

（エ）層別サンプリングは，母集団をいくつかの層に分け，分けられた各々の層から一つ以上のサンプリング単位をランダムに取るサンプリングである。

| | （ア） | （イ） | （ウ） | （エ） |
|---|---|---|---|---|
| **1** | 誤 | 正 | 正 | 正 |
| **2** | 誤 | 正 | 誤 | 正 |
| **3** | 正 | 正 | 誤 | 誤 |
| **4** | 誤 | 正 | 正 | 誤 |
| **5** | 正 | 誤 | 正 | 正 |

**題 意**　サンプリングの基礎知識とサンプリングの種類について問うもの。

**解 説**　サンプリング個数や採取量を大きくすればサンプリング誤差は小さくなり，母集団のパラメータの推定精度は向上する。（ア）は誤り。

サンプリングした試料を測定するとき，測定結果に影響を与える要因である，採取時期，採取方法，採取量，試料の保存条件についてはあらかじめ計画段階で決めておく必要がある。（イ）は正しい。

集落サンプリングとは，母集団をいくつかの集落に分割し，全集落からいくつかの集落をランダムに選び，選んだ集落に含まれるサンプリング単位をすべて取るサンプリングである。（ウ）は正しい。

層別サンプリングとは，母集団をいくつかの層に分けて，各層からサンプルをランダムに抜き取る方法である。（エ）は正しい。

**正 解**　**1**

## 問 23

ある製品の製造プロセスの工程能力を，工程能力指数 $C_p$ を用いて評価したい。評価に用いる特性値は，規格幅（＝ 上側規格限界 － 下側規格限界）の値が 30 で，プロセスの全変動の標準偏差の値が 3.33 と既知である。このプロセスの工程能力指数 $C_p$ の値が入る範囲として正しいものを，下の中から一つ選べ。ただし，製造プロセスは統計的管理状態にあり，特性値は正規分布に従い，かたよりは無いものとする。また，選択肢カッコ内は多くのプロセスで採用されている判断基準である。

**1**　$C_p \geqq 1.67$（工程能力は十分すぎる。）

**2**　$1.67 > C_p \geqq 1.33$（工程能力は十分である。）

**3**　$1.33 > C_p \geqq 1.00$（工程能力はあるが十分とはいえない。）

**4**　$1.00 > C_p \geqq 0.67$（工程能力は不足している。）

**5**　$0.67 > C_p$（工程能力は非常に不足している。）

---

**【題意】**　工程能力指数の計算式について問うもの。

**【解説】**　工程能力指数（PCI：process capability index）$C_p$ とは，品質管理の分野において，製造工程のもつ工程能力を定量的に評価するための指標の一つである。その指標の計算式は

$$C_p = \frac{USL - LSL}{6 \times \hat{\sigma}}$$

である。

ここに，$USL$：上側規格値，$LSL$：下側規格値，$\hat{\sigma}$：母標準偏差の推定値である。

両側規格に対して $C_p = 1.00$ であれば平均値に対して $\pm 3\sigma$ のばらつきが規格幅と一致していることになるが，偏差にも変動があることを考慮すると，少なくとも $C_p > 1.33$ とするのがよいといわれている。

設問では，規格幅 $= USL - LSL = 30$，標準偏差 $\sigma = 3.33$ と与えられているから，$C_p$ は

$$C_p = \frac{USL - LSL}{6 \times \hat{\sigma}} = \frac{30}{6 \times 3.33} \fallingdotseq 1.5$$

となる。よって，**2** が正しい。

**【正解】**　**2**

## 【問】 24

ある工業製品の生産工程での「JIS Z 9020-2 管理図 － 第2部：シューハート管理図」に基づく管理に関わる次の記述の中から，誤っているものを一つ選べ。

**1**　管理図は，出荷検査などの生産工程内で採取したデータを，時間順やサンプル番号順などでグラフ上に打点し，データの変化を可視化することで，工程の変動や安定性を捉えやすくするために用いる。

**2**　管理図には計量値を用いる場合と計数値を用いる場合があり，データの種類に応じて適切な管理図を選択する。

**3**　採取したデータのばらつきには，製品のばらつきと測定のばらつきが含まれている。

**4**　管理限界には製品の仕様における許容限界を用いるため，管理限界を超えた点が打たれた場合は不適合品が必ず発生している。

**5**　工程が安定していると判断される場合，新たな管理限界を設定し直すことで，工程のさらなる改善に努めることができる。

---

**題意**　管理図の知識を打点の観察から工程の状態を理解できるかを問うもの。

**解説**　管理図とは，生産管理において，品質や製造工程が安定な状況で管理されている状態にあるかどうかを判定するために使用するグラフで，時間ごとにデータをグラフ上に打点し，従来までの傾向と異なるデータや管理限界線を逸脱したデータの有無から異常の発生を判定する。**1** は正しい。

管理図で用いるデータには計量値と計数値があり，データの種類に応じて管理図を選んで使用する。**2** は正しい。

製品の特性値を計量したデータのばらつきには，製品自身のばらつきと測定によるばらつきが含まれる。**3** は正しい。

シューハート管理図による管理方法は，3 シグマ法とも呼ばれており，管理限界には標準偏差 $\sigma$ の 3 倍 ($3\sigma$) を用いる。製品の仕様における許容限界を用いると，管理限界を超えた点が打たれた時点で製品が不適合品となってしまう。よって，このような工程管理はしない。**4** は誤り。

工程が安定していると判断される場合には，より製品のばらつきを小さくする目的で，新たに管理限界を設定し直すことにより，工程の改善の効果に繋げることができる。**5** は正しい。

**正解**　**4**

**問 25**

標準化は，製品，プロセス又はサービスをその目的に適合させるために複数の特定の目標（aims）をもってもよい。次の（ア）から（エ）は，標準化の目標に関する説明である。（ア）から（エ）の説明の正誤の組合せとして正しいものを，下の中から一つ選べ。

（ア）部品やサービス内容を統一することにより，コスト削減を図ることは標準化の目標の一つである。

（イ）複数の製品を接続して用いる場合，それぞれの製品が問題を引き起こすことなく且つ全体として連携して機能するように，製品間の接続方法の標準化を行うことは標準化の目標の一つである。

（ウ）製品やサービスまたその運用に伴って生じる容認できない危害を防ぎ安全を担保することは，標準化の目標の一つである。

（エ）検査者により検査結果がばらつくことを抑制するために検査手順を標準化することは標準化の目標の一つである。

| | （ア） | （イ） | （ウ） | （エ） |
|---|---|---|---|---|
| **1** | 正 | 誤 | 誤 | 正 |
| **2** | 誤 | 正 | 誤 | 正 |
| **3** | 誤 | 正 | 正 | 誤 |
| **4** | 正 | 誤 | 正 | 誤 |
| **5** | 正 | 正 | 正 | 正 |

**題意**　標準化を行う目的，行うときの目標の考え方を問うもの。

**解説**　部品やサービス内容を統一することは，作業効率の向上に繋がり，コスト削減を図ることができる。標準化の目標の一つである。（ア）の記述は正しい。

複数の製品を接続して用いる場合，それぞれの製品が問題を引き起こすことなくかつ全体として連携して機能するように，製品間の接続方法の標準化を行うことは，両立性を設定した標準化の目標である。（イ）の記述は正しい。

製品やサービス，またその運用に伴って生じる容認できない危害を防ぎ安全を担保することは，標準化の目標のうち安全，環境保護に該当する目標である。（ウ）の記述は正しい。

検査者により検査結果がばらつくことを抑制するために検査手順を標準化することは，作業標準を統一するための標準化の目標となる。（エ）の記述は正しい。

【正解】 **5**

## 2.3　第73回（令和4年12月実施）

**問 1**

製品生産のプロセスを開発段階，製造準備段階及び製造段階に分類したとき，それぞれの段階での計測管理に関する次の記述の中から，誤っているものを一つ選べ。

**1**　開発段階では，製品開発を目的とした製品特性の測定において，必ずしもJIS等の規格に準拠した測定方法を使う必要はない。

**2**　製造準備段階では，製造工程で使われる測定器の保守や管理の方法を決めるだけでなく，測定担当者の教育・訓練も必要である。

**3**　製造準備段階では，製造工程の管理や検査のために行われる測定について不確かさの大きさを予測しておくことが必要である。

**4**　製造段階では，不適合品を次工程に送らないことが重要であるため，必ず各工程の最後に，トレーサビリティが確保された測定で全数を検査する必要がある。

**5**　各段階において，新しい測定方法や測定器を導入するか否かの決定は，測定能力だけでなく導入コストや既存機器の性能などを考慮した上で判断することが重要である。

**題意**　製品の生産プロセスの各段階における計測管理に関する基礎的な知識と理解を問うもの。

**解説**　製品の開発・設計のための計測では，製品の機能性を評価するための計測技術の開発，測定すべき特性値とその測定方法の選定，試作品の測定などが必要であり，既存の方法・規格などにこだわる必要はない。**1**は正しい。

製造準備段階の計測では，工程の機能性を評価するための計測技術の開発，工程内での測定技術の開発，工程内での測定方法の選定，使用する測定器の保守や管理の方法，および測定の管理者・担当者の教育・訓練も必要となる。**2**は正しい。

また，製造準備段階において，製造工程の管理や検査に使用する測定器および測定方法について，測定結果の不確かさを評価あるいは予測することも必要である。**3**は正しい。

製造段階での計測管理は，不適合品を次工程に送らないことが重要であるが，全数検査が必ずしも必要ではなく，工程内において製品の特性値をチェックし，工程管理を行うことで良品を製造することが可能である。**4** は誤り。

製造業における製品の生産システムとは，新製品の設計から製造までの流れにおいて，製造準備段階をオフラインと呼び，製造段階をオンラインと呼ぶ。これに対し計測管理の立場からは，全体の生産システムの中で行われる計測を，製造準備段階でのオフライン計測と，製造段階でのオンライン計測に分けられ，その計測の目的と方法は異なってくる。生産システムの目的の一つには，高品質の製品を低コストで製造することである。そのために，各段階において新しい測定方法や測定器を導入する場合には，測定能力だけではなく導入コストや既存機器の性能などを考慮した上で判断することが重要となる。**5** は正しい。

**正 解**　**4**

## 問 2

品質や計測に関連するマネジメントシステム規格で規定している計測管理の内容に関する次の記述の中から，誤っているものを一つ選べ。

**1**　「JIS Q 17025 試験所及び校正機関の能力に関する一般要求事項」では，試験所及び校正機関の能力，公平性及び一貫した運営に関する一般要求事項を規定してしている。

**2**　「JIS Q 9001 品質マネジメントシステム － 要求事項」では，製品及びサービスが要求事項に対して適合していることを検証するために，監視又は測定を用いる場合，組織は，結果が妥当で信頼できるものであることを確実にするために必要な資源を明確にし，提供しなければならないとされている。

**3**　「JIS Q 9001 品質マネジメントシステム － 要求事項」では，測定のトレーサビリティが要求事項となっている場合，測定機器は，必ず直接的に国家計量標準によって校正を行わなければならないとされている。

**4**　「JIS Q 10012 計測マネジメントシステム － 測定プロセス及び測定機器に

関する要求事項」では，計量要求事項への適合性を支援し，実証するために使用する，測定プロセスの運用管理及び測定機器の計量確認に関する一般的な要求事項を規定している。

**5**　「JIS Q 10012 計測マネジメントシステム ― 測定プロセス及び測定機器に関する要求事項」では，計測マネジメントシステムの目的は，測定機器及び測定プロセスが，組織の製品の品質に影響を与えるような不正確な結果を出すリスクを運用管理することであるとされている。

---

**【題意】**　計測に関連するマネジメントシステム規格に関わる内容の知識を問うもの。

**【解説】**　JIS Q 17025「試験所及び校正機関の能力に関する一般要求事項」とは，試験・校正を実施する機関が技術的に有効な試験・校正結果を提供する能力，公平性および一貫した運営に関する要求事項を定めた国際規格 ISO/IEC 17025 の日本語版である。**1** は正しい。

JIS Q 9001「品質マネジメントシステム ― 要求事項」とは，品質マネジメントシステムのための要求事項を規定した国際規格 ISO 9001 の日本語版である。同規格は，製品やサービスの品質を確保することが目的であり，品質確保のプロセスの中で利用される測定に対し，測定結果が妥当で信頼できるものであることを確実にするため，必要な資源を確保することを要求している。**2** は正しい。

JIS Q 9001「品質マネジメントシステム ― 要求事項」において，測定トレーサビリティがされている該当の要求事項には，「定められた間隔で又は使用前に，国際計量標準又は国家計量標準に対してトレーサブルである計量標準に照らして校正若しくは検証，又はそれらの両方を行う。」と規定しており，必ず直接的に国家計量標準によって校正を行うことを要求しているわけではない。**3** は誤り。

JIS Q 10012「計測マネジメントシステム ― 測定プロセス及び測定機器に関する要求事項」とは，計測管理に関する国際規格 ISO 10012 の日本語版である。その目的は計測マネジメントシステムの運用により，測定機器および測定プロセスが妥当で信頼できる測定結果を得ることができる運用管理，および測定機器の計量確認に関する一般的な要求事項を規定している。**4** は正しい。

JIS Q 10012「計測マネジメントシステム － 測定プロセス及び測定機器に関する要求事項」における，計測マネジメントシステムの目的は，測定機器及び測定プロセスが，組織が提供する製品の品質に影響を与えるような不正確な結果を出すリスクが生じないような運用管理を行うことといえる。**5** は正しい。

**【正解】** **3**

## 問 3

「JIS Z 8103 計測用語」が定義する用語に関する次の記述の中から，誤っているものを一つ選べ。

**1**　「測定のかたより」とは，測定値の母平均から真値を引いた値のことである。

**2**　「精確さ」とは，測定値と測定対象量の真値との一致の度合いのことである。

**3**　「測定のばらつき」とは，測定者が気付かずにおかした過ちによる，ふぞろいの程度のことである。

**4**　「有効数字」とは，測定値などを表す数字のうちで，位取りを示すだけの0を除いた，意味のある数字のことである。

**5**　「繰返し性」とは，一連の測定の繰返し条件の下での測定の精密さのことである。

**【題意】** JIS Z 8103「計測用語」で規定されている測定値の誤差，統計解析で用いられる用語の定義について問うもの。

**【解説】** JIS Z 8103「計測用語：2019」で定義されている用語のうち「誤差及び不確かさ」と「統計解析」で定義されている用語の知識に関する問である。

「測定のかたより」とは，測定値の母平均から真値を引いた値である。**1** は正しい。

「精確さ」とは，「測定値と測定対象量の真値との一致の度合い」と定義されており，測定値の総合的な良さを表す用語である。**2** は正しい。

「測定のばらつき」とは，「測定値がそろっていないこと」，または「不ぞろいの程度」である。測定者が気付かずにおかした過ちによるふぞろいの程度は，「まちがい」，または「過失」，「過ち」といわれる。**3** は誤り。

「有効数字」とは，測定値などを表す数字のうちで，位取りを示すだけの 0 を除いた，意味のある数字をいう。**4** は正しい。

「繰返し性」とは，一連の測定の繰返し条件の下での測定の精密さである。**5** は正しい。

**【正 解】** **3**

---

## 問 4

国際単位系（SI）において，固有の名称をもつ組立単位の一つであるボルト（V）を SI 基本単位のみで表したとき，正しいものを次の中から一つ選べ。

**1**　$kg \cdot m^2 \cdot s^{-3} \cdot A^{-2}$

**2**　$kg \cdot m^2 \cdot s^{-2}$

**3**　$kg \cdot m^2 \cdot s^{-3}$

**4**　$kg \cdot m^2 \cdot s^{-2} \cdot A^{-1}$

**5**　$kg \cdot m^2 \cdot s^{-3} \cdot A^{-1}$

---

**【題 意】**　国際単位系（SI）における固有の名称をもつ組立単位であるボルト（V）について知識を問うもの。

**【解 説】**　国際単位系（SI）において，固有の名称をもつ組立単位には，以下の**表**に示す 22 個の単位がある。固有の名称の単位記号とは別に他の単位を用いて表すこともできる。

**表**　固有の名称をもつ SI 組立単位

| 組立量 | 組立単位の名称 | 固有の名称の単位記号 | 他の単位を用いた表現 |
|---|---|---|---|
| 平面角 | ラジアン | rad | m / m |
| 立方角 | ステラジアン | sr | $m^2 / m^2$ |
| 周波数 | ヘルツ | Hz | $s^{-1}$ |
| 力 | ニュートン | N | $kg\ m\ s^{-2}$ |
| 圧力，応力 | パスカル | Pa | $N / m^2 = kg\ m^{-1}\ s^{-2}$ |
| エネルギー，仕事，熱量 | ジュール | J | $N\ m = kg\ m^2\ s^{-2}$ |
| 仕事率，放射束 | ワット | W | $J / s = kg\ m^2\ s^{-3}$ |

| | | | |
|---|---|---|---|
| 電　荷 | クーロン | C | As |
| 電位差 | ボルト | V | $\mathrm{W/A = kg\ m^2\ s^{-3}\ A^{-1}}$ |
| 電気容量 | ファラド | F | $\mathrm{C/V = kg^{-1}\ m^{-2}\ s^4\ A^2}$ |
| 電気抵抗 | オーム | Ω | $\mathrm{V/A = kg\ m^2\ s^{-3}\ A^{-2}}$ |
| コンダクタンス | ジーメンス | S | $\mathrm{A/V = kg^{-1}\ m^{-2}\ s^3\ A^2}$ |
| 磁　束 | ウェーバ | Wb | $\mathrm{Vs = kg\ m^2\ s^{-2}\ A^{-1}}$ |
| 磁束密度 | テスラ | T | $\mathrm{Wb/m^2 = kg\ s^{-2}\ A^{-1}}$ |
| インダクタンス | ヘンリー | H | $\mathrm{Wb/A = kg\ m^2\ s^{-2}\ A^{-2}}$ |
| セルシウス温度 | セルシウス度 | ℃ | K |
| 光　束 | ルーメン | lm | cd sr |
| 照　度 | ルクス | lx | $\mathrm{lm/m^2}$ |
| 放射性核種の放射能 | ベクレル | Bq | $\mathrm{s^{-1}}$ |
| 吸収線量，カーマ | グレイ | Gy | $\mathrm{J/kg = m^2\ s^{-2}}$ |
| 線量当量 | シーベルト | Sv | $\mathrm{J/kg = m^2\ s^{-2}}$ |
| 酵素活性 | カタール | kat | $\mathrm{mol\ s^{-1}}$ |

設問で与えられた電位差の単位ボルト（V）は，電圧，起電力の単位で，電気を押し出す力を意味し，電位差の高低を表す。電圧の定義は 1 アンペア（A）の電流が流れる導体の 2 点間において消費される電力が 1 ワット（W）である。1 ワット（W）は毎秒 1 ジュール（J）に等しいエネルギーを生じさせる仕事率で，ジュール毎秒（J/s）で表せる。また，1 ジュール（J）は 1 ニュートン（N）の力がその力の方向に物体を 1 メートル（m）動かすときの仕事である。さらに 1 ニュートン（N）は 1kg の質量を持つ物体に 1 メートル毎秒毎秒（$\mathrm{m/s^2}$）の加速度を生じさせる力である。よって，電位差（V）は基本単位のみで表すと以下のようになる。

$$\mathrm{V = \frac{W}{A} = \frac{N \cdot m}{s} \cdot \frac{1}{A} = \frac{kg \cdot m^2 \cdot s^{-2}}{s \cdot A} = kg \cdot m^2 \cdot s^{-3} \cdot A^{-1}}$$

となる。**5** が正しい。

【正 解】 **5**

---- 問 5 ----

測定の信頼性についての次の記述の中から，誤っているものを一つ選べ。

**1**　測定を繰返し行い，その平均値を測定結果とするとき，繰返し回数が多いほど，偶然誤差による平均値のばらつきの程度は小さくなる。

**2**　「JIS Z 8103 計測用語」では，指定された条件の下で，同じ又は類似の対象について，反復測定によって得られる指示値又は測定値の間の一致の度合いを精密さとして定義している。

**3**　測定器の精密さの指標として，指定された条件下での一連の測定値の標準偏差を用いることができる。

**4**　測定の不確かさ評価は，すべて自らが取得した一連の測定値の統計的解析に基づいて行う必要があり，第三者が取得したデータ等の外部情報は利用してはならない。

**5**　間接測定の場合，測定結果の不確かさは，測定対象量と一定の関係にある各量の測定結果の不確かさを評価し合成して求めることができる。

---

**題意**　繰り返して得られた測定値の評価方法および不確かさ評価の考え方について問うもの。

**解説**　測定を繰り返し行い得た測定値のばらつきは，繰返し回数を $n$ とすると，一般に標準偏差 $s$ で表され，以下の式で求められる。

$$s=\sqrt{\frac{1}{n-1}\sum_{i=1}^{n}(x_i-\overline{x})^2}$$

繰り返した測定値の平均値についてのばらつき $\overline{s}$ を考える場合は，次式で求められる。

$$\overline{s}=\frac{s}{\sqrt{n}}$$

つまり，繰返し回数が多いほど，平均値のばらつきである標準偏差は小さくなる。**1** は正しい。

JIS Z 8103「計測用語」における「精密さ」は，「指定された条件の下で，同じ又は類似の対象について，反復測定によって得られる指示値又は測定値の間の一致の度合い」と定義されている。**2** は正しい。

一般に，精密さの指標として標準偏差が用いられる。その他の尺度として分散，変動係数などで表現することもある。**3** は正しい。

測定の不確かさ評価には，すべて自ら取得した一連の測定値によって統計的解析による評価以外にも，文献，規格等で提示されている第三者が取得したデータ等の外部情報を利用することもできる。こうした情報による不確かさ評価はタイプ B と呼ばれる。これに対し，自ら取得したデータを基に統計的手法による評価をタイプ A と呼ぶ。**4** は誤り。

間接測定の場合の不確かさ評価は，間接測定の各量の不確かさを見積もり，測定対象量への影響度となる感度係数を考慮し，間接測定における合成標準不確かさを求めることができる。**5** は正しい。

**【正 解】** **4**

**問 6**

測定の不確かさに関する次の記述の中から，誤っているものを一つ選べ。

**1**　不確かさは，「JIS Z 8103 計測用語」では「測定値に付随する，合理的に測定対象量に結び付けられ得る値の広がりを特徴づけるパラメータ」と定義されている。

**2**　標準不確かさは，標準偏差として表した不確かさである。

**3**　「測定における不確かさの表視のガイド (GUM)」では，測定の不確かさを「偶然不確かさ」と「系統不確かさ」に分類している。

**4**　アナログ計器の読取りにおける人によるかたよりは，測定における不確かさの原因となる可能性がある。

**5**　合成標準不確かさは，測定モデルの入力量に付随する個々の標準不確かさを用いて得られる標準不確かさである。

---

**【題 意】**　測定の不確かさに関する基礎的な理解を問うもの。

**【解 説】**　JIS Z 8103「計測用語」で「不確かさ」の定義は，「測定値に付随する，合理的に測定対象量に結び付けられ得る値の広がりを特徴づけるパラメータ」である。**1** の記述のとおりである。**1** は正しい。

不確かさの定義で示されているパラメータである標準不確かさは，標準偏差（またはその指定倍量）でも，または明示された包含確率をもつ区間の幅の半分でもよいとしている。**2** は正しい。

「測定における不確かさの表現のガイド（GUM）」は，不確かさの考え方および実際に具体的に評価する場合の例も合わせて解説が記載されており，不確かさに関する基本的な教科書となっている。このガイド（GUM）では，測定の不確かさの評価の方法として，実験データに基づいて統計的な手法により評価するタイプA評価と，統計的な方法以外で不確かさを評価するタイプB評価によって求めることができるとしている。**3** は誤り。

目盛標識と指針で指示される測定器の読取りが，人によってばらつく場合は，測定の不確かさの原因となる。**4** は正しい。

合成標準不確かさとは，測定の不確かさとなるいくつもの成分をまとめて，全体を合成した標準不確かさであり，各成分の標準不確かさの二乗和の平方根で求められる。**5** は正しい。

【正 解】 **3**

## 問 7

同一の測定対象量を $n$ 回反復測定して得たデータ $x_1, x_2, \cdots, x_n$ を統計的に解析するときの考え方について述べた次の記述の中から，誤っているものを一つ選べ。

**1**　測定を仮想的に無限回反復したときに得られる無限個のデータの集合を，測定値の母集団と呼ぶ。

**2**　$n$ 個のデータ $x_1, x_2, \cdots, x_n$ は，測定値の母集団から無作為に取り出した標本とみなすことができる。

**3**　母集団の性質を表す母平均や母分散のようなパラメータを一般に母数，標本から計算される標本平均や標本分散のような量を一般に統計量という。

**4**　次の式で計算される統計星 $\overline{x}$ は，母平均に対する不偏推定量（かたよりのない推定量）である。

$$\overline{x} = \frac{1}{n}\sum_{i=1}^{n} x_i$$

**5**　次の式で計算される統計量 $s^2$ は，母分散に対する不偏推定量（かたよりのない推定量）である。

$$s^2 = \frac{1}{n}\sum_{i=1}^{n}(x_i - \overline{x})^2$$

ただし，$\overline{x}$ は標本平均である。

---

**【題 意】** 反復測定して得られたデータの統計量に関する知識を問うもの。

**【解 説】** 通常，反復測定して得られるデータは有限個数となるが，測定を仮想的に無限回反復測定したとき，その無限個のデータの集合は測定値の母集団と呼ばれる。**1** は正しい。

繰返しの測定データを統計的に処理しようとするときに，測定を仮想的に無限回繰り返したときに得られる無限個のデータの集合を母集団といい，実際に得られた $n$ 回のデータは母集団から抽出した標本となる。**2** は正しい。

母平均，母分散は母集団についての性質であり，標本から計算された平均や分散は，標本平均，標本分散である。これらは一般に統計量といわれる。**3** は正しい。

母集団から抽出した $n$ 個の測定データ $x_1, x_2, \ldots, x_n$ の平均は

$$\overline{x} = \frac{1}{n}\sum_{i=1}^{n} x_i$$

で計算できる。この標本平均は，母集団の平均である母平均に対する不偏推定量でもある。**4** は正しい。

母集団から抽出した $n$ 個の測定データ $x_1, x_2, \ldots, x_n$ の分散 $s^2$ は

$$s^2 = \frac{1}{n-1}\sum_{i=1}^{n}(x_i - \overline{x})^2$$

で計算できる。**5** は誤り。

**【正 解】** **5**

## 問 8

測定データの統計処理に関する次の（ア）～（ウ）の記述には，「測定データが正規分布に従っている」という仮定がなければ成立しないものと，仮定がなくても成立するものがある。次の各記述の成立について，この仮定が必要か不必要かを指定した下の組合せの中で，正しいものを一つ選べ。

（ア）　測定データの不偏分散の期待値は，母分散と一致する。

（イ）　標本平均を求めるための測定データ数が十分大きくなれば，測定データの標本平均の分布は中心極限定理によって正規分布に近づく。

（ウ）　$F$ 検定によって，2 つの測定データ群のばらつきの間に違いがあるといえるかが判定できる。

| | （ア） | （イ） | （ウ） |
|---|---|---|---|
| **1** | 不必要 | 不必要 | 必要 |
| **2** | 不必要 | 必要 | 不必要 |
| **3** | 必要 | 不必要 | 不必要 |
| **4** | 必要 | 不必要 | 必要 |
| **5** | 不必要 | 必要 | 必要 |

［題 意］　統計処理の基礎と正規分布の性質に関する知識を問うもの。

［解 説］　通常，扱う測定データの標本分布は正規分布に従わないことが多いといわれるが，母数が大きくなると正規分布に近づく性質を利用して正規分布のモデルとして扱っているといえる。標本分布が正規分布に従っていなくても，不偏分散の期待値は母分散となるとしているのが統計量である。（ア）は正規分布に従っている仮定は不必要。

中心極限定理とは，標本を抽出する母集団が正規分布に従わない場合でも，抽出するサンプルサイズが大きくなれば，標本平均の分布は正規分布に近づくという定理である。（イ）は正規分布に従っている仮定は不必要。

$F$ 検定は，二つのデータ群のばらつきの間に違いがあるかどうかを検定するものであるが，$F$ 検定では二つのデータ群が正規分布に従っていることが前提となっている。（ウ）は正規分布に従っている仮定が必要。

よって **1** の組合せが正しい。

［正 解］　**1**

## 問 9

次の図は，対をなす 2 変数 $x, y$ を測定したデータを散布図としてプロットした 3 通りのケースを示す。各ケースで求めた 2 変数間の標本相関係数 $r_i$ の大小

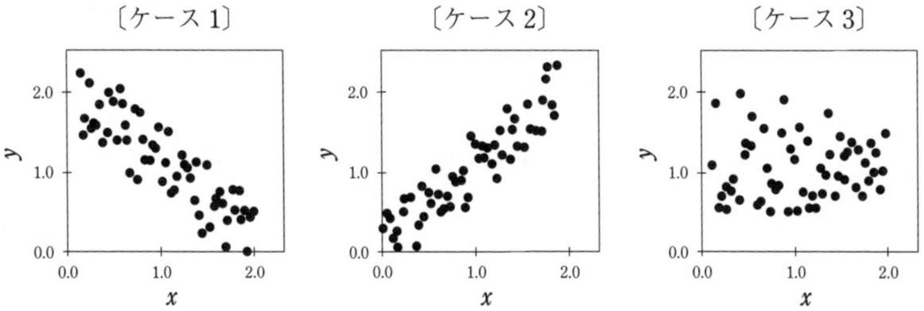


図　2変数 $x, y$ の散布図

関係について正しいものを，下の中から一つ選べ。ここで，$i$ はケース番号で $i=1, 2, 3$ である。

**1**　$r_1 < r_2 < r_3$

**2**　$r_1 < r_3 < r_2$

**3**　$r_2 < r_3 < r_1$

**4**　$r_2 < r_1 < r_3$

**5**　$r_3 < r_1 < r_2$

---

**〔題意〕**　散布図と相関係数に関する理解を問うもの。

**〔解説〕**　散布図とは，縦軸，横軸に2項目の量や変数を対応させ，データを点でプロットしたものである。散布図を作成することで，2変数の間に相関関係があるかどうかを調べることが可能である。

散布図において，プロットが右上がりであれば「正の相関」，右下がりであれば「負の相関」，また，どちらでもない場合は「無相関」といい，相関分析ではこれらの2変数の相関の強さを定量的に表すため相関係数が用いられる。

相関係数 $r$ は，2変数を $x_i, y_i$ とするとき，以下の式で求められる。

$$r = \frac{\sum_{i=1}^{n}(x_i - \overline{x})(y_i - \overline{y})}{\sqrt{\sum_{i=1}^{n}(x_i - \overline{x})^2}\sqrt{\sum_{i=1}^{n}(y_i - \overline{y})^2}}$$

ここで，$\overline{x}$，$\overline{y}$ は2変数のそれぞれの平均である。相関係数は $r=-1$ から $r=+1$ の間の値となる。つまり，相関係数は右上がりであればプラスとなり，右下がりであればマイナスとなる。どちらでもない場合は$r \fallingdotseq 0$となる。

設問の図からケース1はマイナス，ケース2はプラス，ケース3はほぼゼロということがわかる。したがって，相関係数の$r_i$の大小関係は

$$r_1 < r_3 < r_2$$

となる。**2**が正しい。

【正 解】 **2**

## 問 10

実験計画法に関する次の記述の空欄（ア）～（ウ）に入る語句の組合せとして正しいものを，下の中から一つ選べ。

実験の計画においては，実験に取り上げる因子を実験結果に影響があると考えられる条件の中から選び，取り上げた因子の水準の組合せとその実験を行う順序を決める。そのとき，ランダム化（無作為化），ブロック化（局所管理），実験の反復というフィッシャーの三原則を考慮する。

ランダム化とは，実験を行う順序等を無作為に決めることであり，実験に取り上げていない条件が原因で生じる（　ア　）が，調べようとする要因効果に交絡することを防ぐことができる。

ブロック化とは，実験全体を小さく区切ってその内部が比較的均一なブロックを作り，その中に実験単位を配置することである。ブロック内の実験娯差が実験全体の実験誤差より（　イ　）なり，調べようとする要因効果を検出しやすくなる。

実験の反復とは，取り上げた因子の水準の組合せでの実験を複数回実施することであり，それは（　ウ　）の大きさを知るために行う。

| | （ア） | （イ） | （ウ） |
|---|---|---|---|
| **1** | かたより | 小さく | 実験誤差 |
| **2** | かたより | 大きく | 実験誤差 |
| **3** | かたより | 大きく | 主効果 |

**4** ばらつき　小さく　主効果

**5** ばらつき　大きく　実験誤差

**題意** 実験計画法におけるフィッシャーの三原則に関する知識を問うもの。

**解説** 実験計画法とは，よい結果を得るために最も効果的な実験を計画し，その実験で得られたデータに対して最適な解析手法を用いるための手順といえる。実験計画法の創始者であるフィッシャーは実験計画法に関して以下の三つの原則を提唱している。

(1) 無作為化（ランダム化）

(2) 局所管理（ブロック化）

(3) 反復

無作為化とは，実験を行う順序や場所を無作為（ランダム）に割付けることにより，系統誤差を偶然誤差として処理できるようにすることである。局所管理とは，実験全体を複数のブロックに分割することで，系統誤差を小さくすることである。反復を行うのは，同じ条件で実験を反復することによって偶然誤差のばらつきを求めるためである。

以上から，設問の空欄の記述は以下のようになる。

「ランダム化とは，実験を行う順序等を無作為に決めることであり，実験に取り上げていない条件が原因で生じる(ア)かたよりが，調べようとする要因効果に交絡することを防ぐことができる。

ブロック化とは，実験全体を小さく区切ってその内部が比較的均一なブロックを作り，その中に実験単位を配置することである。ブロック内の実験誤差が実験全体の実験誤差より(イ)小さくなり，調べようとする要因効果を検出しやすくなる。

実験の反復とは，取り上げた因子の水準の組合せでの実験を複数回実施することであり，それは(ウ)実験誤差の大きさを知るために行う。」

**1** の語句の組合せが正しい。

**正解** **1**

## 問 11

測定のトレーサビリティに関する次の記述の中から，正しいものを一つ選べ。

**1**　国家計量標準機関が測定標準を提供していない量に関してはトレーサビリティを確保することができない。

**2**　トレーサビリティの最上位に位置する国家計量標準機関が提供している測定標準の不確かさはゼロである。

**3**　トレーサビリティが確保されていることの証明のためには，トレーサビリティ体系図が必須である。

**4**　測定結果のトレーサビリティは，不確かさが与えられた目的に対して十分であることを保証するものではない。

**5**　トレーサビリティはSI単位で表された測定結果でのみ確保できる。

---

【題 意】　測定トレーサビリティの意味とその実際の体系についての知識を問うもの。

【解 説】　測定量にはさまざまな量があり，すべての測定量を国家計量標準機関が測定標準を提供しているとは限らない。よって，海外の国家計量標準機関が提供している測定標準を利用してトレーサビリティを確保することもあり得る。**1** は誤り。

国家計量標準機関が設定する測定標準には，不確かさはゼロではなく存在している。**2** は誤り。

トレーサビリティが確保されていることの証明として，JCSS制度による登録事業者が発行する標章付の校正証明書を利用することができる。この証明書の校正結果については，トレーサビリティ体系図が不要であり，標章付の校正証明書はトレーサビリティが確保されている証として利用できる。**3** は誤り。

測定結果のトレーサビリティの確保とは，測定結果の値が不確かさの範囲内でSI単位に繋がる測定標準の値と一致することが期待できるということであり，使用目的である精確さを保証するとは限らない。**4** は正しい。

SI単位以外で表された測定結果であっても，トレーサビリティは確保することができる。例えば，ヤード・ポンド系単位による測定器であっても，その測定器の指示値をSI単位に換算して表し，その測定値に対してトレーサビリティの確保された測定標準によって校正することで，トレーサビリティを確保することができる。**5** は誤り。

【正 解】　**4**

**問 12**

「JIS Z 8103 計測用語」において，測定標準は「何らかの参照基準として用いる，表記された量の値及びその不確かさをもつ，ある与えられた量の定義を現示したもの。」と定義されている。測定標準に関する次の記述の中から，誤っているものを一つ選べ。

**1**　量の定義の現示とは，定義された量の値を実現し示すことである。量の値は，測定システム，実量器又は標準物質によって与えることができる。

**2**　測定標準を用いたとき，その測定標準の量の値及び不確かさは測定標準の校正証明書等に書かれているものを用いなければならないので，環境の影響や経年変化を考慮してはならない。

**3**　測定標準は，他の測定標準，測定器又は測定システムの校正を通して，トレーサビリティを確立する際の参照基準として用いることができる。

**4**　測定標準を指す用語にはいろいろあり，例えば，「標準器」は測定標準として使われる計器及び実量器を指している。実量器の例として，標準分銅やブロックゲージがある。

**5**　計量法では，法定計量分野で特定計量器の検定又は定期検査に用いる測定標準に相当するものを「基準器」と呼んでいるが，不確かさを付すことは要求していない。

**題意**　各種の測定標準に関する知識を問うもの。

**解説**　JIS Z 8103「計測用語」において「測定標準」の定義は，「何らかの参照基準として用いる，標記された量の値及びその不確かさをもつ，ある与えられた量の定義を現示したもの。」とある。

この定義にある“量の定義を現示”は，「測定システム，実量器又は標準物質によって与えることができる」としている。**1** は正しい。

測定標準を使用するときは，その測定標準の校正値と不確かさを用いることになるが，校正証明書に記載の値は，校正したときの環境条件とその時点での値である。したがって，使用するときの環境条件が校正証明書に記載されている環境条件と異なる場合には，異なることで生じる不確かさを考慮する必要がある。また，校正した時点から時間的に経過している場合には，測定標準の値の経時変化による変動も考慮する必要がある。**2** は誤り。

測定標準の一つである参照標準は，ある組織またはある場所において，ある与えられた種類の量の他の測定標準を校正するために指定された測定標準であり，トレーサビリティを確立する際の参照基準として用いられる。**3** は正しい。

「測定標準」と言われる用語にはいろいろなものがあり，国際標準，国家標準，参照標準，実用標準，移動用標準，またキャリブレーターなども測定標準に含まれる。測定標準として使われる計器および実量器は単に標準器と呼ばれる。標準分銅，ブロックゲージは実量器の例である。**4** は正しい。

計量法でいう「基準器」は，特定計量器の検定や定期検査に用いる測定標準といえるが，この「基準器」には，基準器検査によって合格したものが用いられる。なお，合格の条件は，計量法の規定で定められた基準器公差以内であることである。この際に不確かさを付すことはない。**5** は正しい。

【正解】 **2**

## 問 13

「JIS Z 9090 測定 − 校正方式通則」に基づく測定器の定期校正には，一般に点検及び（又は）修正という，役割を異にする 2 種類の作業が含まれる。このような測定器の校正に関する次の記述の中から，誤っているものを一つ選べ。

**1**　測定器の点検では，測定標準を用いて測定器のかたよりの大きさを求め，あらかじめ定めた限界値と比較する。

**2**　測定器の修正では，測定標準を用いて，測定器の指示値から測定対象量の値を求めるための校正式を新たに求め直す。

**3**　測定器の点検及び修正を行う校正方式では，点検の結果，測定器のかたよりの大きさが修正限界内にあれば，修正を行わず継続して測定器を使用する。修正限界を超えた場合は，修正した後に測定器を使用する。

**4**　測定器の点検だけで修正は含まない校正方式，及び修正だけで，点検は含まない校正方式では，測定器のかたよりの大きさを一定限度内に抑えるという，校正の目的を達成することができない。

**5**　測定器の点検も修正も行わず，予防保全の目的で定期的に測定器の廃棄・更新を行う無校正の校正方式もある。

---

**［題 意］**　JIS Z 9090「測定 − 校正方式通則」による校正方式である点検・修正について理解を問うもの。

**［解 説］**　JIS Z 9090「測定 − 校正方式通則」による校正方式には，点検と修正の手順がある。点検では，測定標準を用いて現状の測定器の誤差が修正限界を超えているかどうかを判定し，もし超えていたら測定標準により修正（校正）を行い関係式の修正をすることになる。その後に，関係式から新たな校正式を求め，測定ができるようにして現場に戻す手順となっている。

測定器の点検とは，測定標準を測定し，測定器の誤差（かたより）を求め，管理基準である限界値と比較することである。**1** は正しい。

測定器の修正とは，測定標準を用いてあらかじめ決めてある校正式を求めるための校正点の校正を行い，測定標準の値と測定器の指示値との関係式から新たに校正式を求め直すことである。**2** は正しい。

JIS Z 9090「測定 − 校正方式通則」では，点検，修正を行うかどうかの組合せにより 4 区分の校正方式が規定されている。その中の 1 区分は点検および修正を行う校正方式である。点検の結果，測定器のかたより（誤差）の大きさが修正限界内にあれば，修正を行わずに継続して使用し，修正限界を超えた場合には，修正（校正）をして新しい校正式を求めた後に使用するという手順である。**3** は正しい。

校正方式の 2 区分目の，点検だけで修正は含まない校正方式では，修正限界を超えていないかどうかの点検を行い，もし超えていたら廃棄するという手順である。よって，測定器のかたより（誤差）の大きさを修正限界内に抑えることが可能である。同じように修正だけの校正方式では，修正を行ったときに新しい校正式を求めるため，測定器のかたより（誤差）を校正する前の測定器のかたより（誤差）よりも小さくできる。**4** は誤り。

測定器の点検も修正も行わず，一定期間使用したら廃棄して更新する無校正の校正方式も使用状況の目的からあり得る管理方式と考えられる。**5** は正しい。

**［正 解］**　**4**

**問 14**

ある力センサを繰返し2回で校正したとき，力標準機で発生した力の大きさと，その力を与えたときのセンサの出力電圧の関係は**表**に示すとおりであった。このセンサに未知の力を印加したところ，その出力は75.0 mVであった。このときの力の値として最も近い値を，下の中から一つ選べ。ただし，力標準機の誤差は無視でき，この力の範囲ではセンサの出力は直線性が確保されているものとする。

**表**　力と出力電圧の関係

| 力標準機の値〔kN〕 | 出力電圧〔mV〕 | |
|---|---|---|
| | 繰返し<br>1回目 | 繰返し<br>2回目 |
| 10.00 | 60.1 | 60.1 |
| 20.00 | 110.0 | 110.2 |

**1**　12.48 kN

**2**　12.98 kN

**3**　13.62 kN

**4**　14.05 kN

**5**　17.02 kN

**題 意**　校正データから校正式を得る方法についての理解を問うもの。

**解 説**　校正とは，測定標準の値に対する測定器の指示値とのデータから，関係を求めて，その後に未知の測定量を測定したときの指示値から，測定量の真の値を推定する式を得ることである。設問では，力標準器の値が測定標準の値であり，力センサの出力電圧が指示値となる。この両者のデータから校正式を求めてみる。

表　力と出力電圧の関係

| 力標準器の値〔kN〕 | 出力電圧〔mV〕 | | |
|---|---|---|---|
| | 繰返し1回目 | 繰返し2回目 | 平　均 |
| 10.00 | 60.1 | 60.1 | 60.1 |
| 20.00 | 110.0 | 110.2 | 110.1 |

**表**に示した平均値のデータをグラフで示すと**図**のようになる。

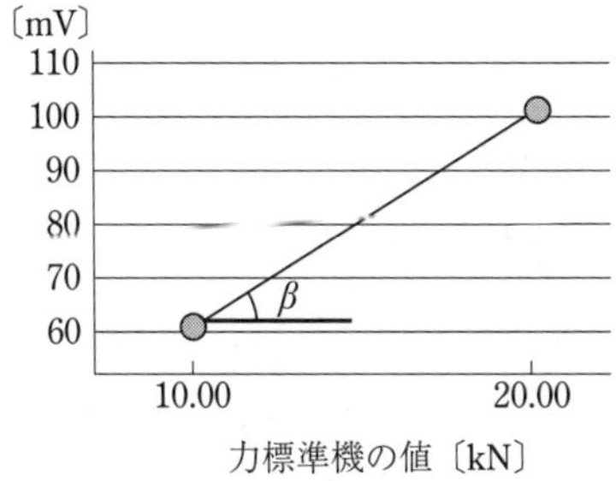


図　力と出力電圧の関係（平均）

力標準器の値が10.00から20.00に変化したとき，出力電圧（平均値）の大きさは60.1から110.1に変化している。つまり，出力電圧の感度 $\beta$ は

$$\beta = \frac{110.1 - 60.1}{20.00 - 10.00} = \frac{50.0}{10.00} = 5$$

である。力標準機の値を $M$，出力電圧を $y$ とし，基準点を $M_0$（$= 10.00$ V）における出力電圧を $y_0$ とすると，両者の関係式は

$$y = y_0 + \beta(M - M_0) = 60.1 + 5(M - 10) = 10.1 + 5M$$

となる。ここで，設問の電圧 $y = 75.0$ mV のときの力標準器の値 $M$ を求めると

$$M = \frac{y - 10.1}{\beta} = \frac{75.0 - 10.1}{5} = \frac{64.9}{5} = 12.98$$

となる。**2**が正しい。

**［正 解］　2**

**問 15**

測定の SN 比に関する次の記述の中から，誤っているものを一つ選べ。

**1**　測定の SN 比は，測定対象量の値の変化に対し，測定器の指示値がどれほど忠実に対応するかを表す指標である。

**2**　測定の SN 比を求めるとき，測定器の指示値 $y$ と測定対象量の真値 $M$ の値の間に $y=\beta M+e$ の関係式を想定することが多い。ここで $\beta$ は感度を表す定数であり，$e$ は指示値の誤差を表す。このとき測定の SN 比は，$e$ の分散を $\sigma^2$ として，$\sigma^2/\beta^2$ で表される。

**3**　測定の SN 比を用いて 2 台の測定器を比較したとき，SN 比の大きい測定器の方が校正後の誤差は小さい。

**4**　測定対象量の真値 $M$ がわからなくとも，$M$ の水準間の間隔や比の値がわかっていれば，SN 比を比較できることがある。

**5**　検出対象の物理量は同じだが検出原理が異なる二つのセンサは，センサの出力信号となる物理量が違っていても，SN 比の比較に意味がある。

---

**【題意】**　測定の SN 比について理解を問うもの。

**【解説】**　測定の SN 比とは，測定対象量の値に対し，測定器の指示がどれだけ忠実に指示を示すかを定量的に比で表した指標である。**1** は正しい。

測定器の指示値を $y$，測定対象量の真値を $M$ とし，$M=0$ のとき $y=0$ となることが期待されるとき，想定の関係式はゼロ点比例式となり

$$y=\beta M$$

で表されるが，実際には測定器の指示値には誤差 $e$ が生じるため

$$y=\beta M+e$$

となる。ここで，$\beta$ は感度を表す定数である。このとき測定の SN 比 $\eta$ は，誤差 $e$ の分散を $\sigma^2$ とすると

$$\eta=\frac{\beta^2}{\sigma^2}$$

で表される。**2** の記述は分母と分子が逆になっている。**2** は誤り。

測定の SN 比は校正後の誤差分散の逆数を表しており，校正後の誤差は

$$\frac{1}{\sqrt{\eta}}$$

で表される。つまり，SN 比の大きい測定器のほうが校正後の誤差は小さいということになる。**3** は正しい。

測定の SN 比の特徴として，真値 $M$ がわからない場合でも $M$ の水準間の間隔，または間隔の比の値がわかっていれば，SN 比を求めることができる。**4** は正しい。

同じ測定対象量を異なる原理の検出器によって得たとして，そのときそれぞれの指示値の物理量の単位が違っていても，測定の SN 比を求めることでどちらの検出器の測定誤差が小さいかを比較することができる。**5** は正しい。

【正 解】 **2**

## 問 16

次の文章は，ある測定システムの測定値のばらつきを小さくするため，SN 比を用いた改善の手順を記したものである。空欄（ア）～（エ）に入る語句の組合せとして正しいものを，下の中から一つ選べ。

測定システムを構成する要素の中から，水準選択が可能な 2 つの因子 A 及び B を選定し，それぞれ 3 水準とした実験を行ったところ，**図**のような SN 比の要因効果図が得られた。ここで，因子は互いに独立しており，交互作用は十分小さい。

システムとして，測定値のばらつきが最も小さくなるのは，SN 比が最も（　ア　）なる水準の組合せのときであり，因子 A は水準（　イ　）を，因子 B は水準（　ウ　）を選択する。現行のシステムは，A2 と B2 の組合せであり，SN 比が最大になる組合せに変更したときの改善の効果は，SN 比で表すと（　エ　）となる。これは，ばらつきを約半分に抑えることが期待できることを意味する。

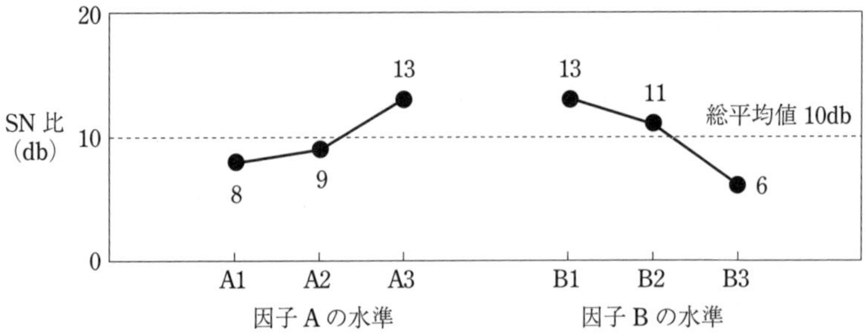


図　SN 比の要因効果図（図中の数値は各水準での SN 比の平均値を示す）

| | (ア) | (イ) | (ウ) | (エ) |
|---|---|---|---|---|
| **1** | 小さく | A1 | B3 | 6 db |
| **2** | 小さく | A2 | B2 | 2 db |
| **3** | 大きく | A1 | B3 | 2 db |
| **4** | 大きく | A3 | B1 | 2 db |
| **5** | 大きく | A3 | B1 | 6 db |

---

**【題 意】** 測定の SN 比を指標として改善を目的とした実験についての理解を問うもの。

**【解 説】** 測定システムを構成する要素の中から，水準選択ができる因子を選択し，その各水準で実験を行い，SN 比の最も大きい水準の組合せを最適条件として選ぶことで改善することができる。

SN 比 $\eta$ は，測定システムの測定値のばらつきを $\sigma$，測定量の大きさに対して得られる測定値の感度を $\beta$ とすると

$$\eta = \frac{\beta^2}{\sigma^2}$$

で表される。よって，測定値のばらつき $\sigma$ が小さくなると SN 比は大きくなる。また，SN 比はデシベル値で表すと

$$\eta_{db} = 10 \log \frac{\beta^2}{\sigma^2}$$

となる。以上を踏まえ設問の記述にある括弧内に語句をいれると

「システムとして，測定値のばらつきが最も小さくなるのは，SN 比が最も$_{(ア)}$大きくなる水準の組合せのときであり，因子 A は水準$_{(イ)}$A3 を，因子 B は水準$_{(ウ)}$B1 を選択する。現行のシステムは，A2 と B2 の組合せであり，SN 比が最大になる組合せに変更したときの改善の効果は，SN 比で表すと$_{(エ)}$6 db となる。これは，ばらつきを約半分に抑えることが期待できることを意味する。」となる。改善の効果が 6 db となるのは，因子 A の A3 水準，および因子 B の B1 水準が 13 db であり，総平均値 10 db に対して 3 db + 3 db = 6 db の利得が得られるからである。また，6 db の利得を真数で表すと

$$\eta = 10^{0.6} \fallingdotseq 4$$

となり，測定のばらつき $\sigma$ は SN 比の逆数の平方根で求められるから約 1/2 となる。正しい語句の組合せは **5** である。

**正 解**　**5**

## 問 17

製造工程で活用されている自動化と制御に関する次の記述の中から，誤っているものを一つ選べ。

**1**　今日では，多くのシステムが自動化されており，例えばフィードバック制御系が自動制御の目的で利用される。

**2**　自動制御系の設計・解析には，時間の関数である信号のフーリエ変換に基づき導出される伝達関数を用いることができる。

**3**　自動制御系の解析では，システムの静的特性だけでなく動的特性も解析の対象となる。

**4**　多くの制御要素の複合的結合により構成される制御系の解析には，伝達関数についての等価変換の手法を用いることができる。

**5**　ステップ応答法は，自動制御系の応答特性を調べるための一つの手法である。

**題 意**　自動制御の方式，制御系の表現，解析に関する知識を問うもの。

**解 説**　自動制御の方式には，大きく分けてフィードバック制御とシーケンス制

御の二つがある。その他の制御として，フィードフォワード制御，定値制御，追従制御などがある。**1** は正しい。

自動制御系の設計・解析には，時間の関数であるラプラス変換を用いて伝達関数で表現して解析することができる。**2** のフーリエ変換はラプラス変換の誤り。

自動制御系の解析は，システムの静的特性だけでなく動的特性も解析の対象となる。入力値が一定の状態が続けば，やがて出力も定常状態になり，一定値になって平衡状態となる。この状態における入力と出力との関係は静特性であり，入力値が変化したときに遅れがある場合には，入力と出力との時間的な関係は動特性となる。**3** は正しい。

多くの制御要素の複合的結合により構成される制御系の解析には，伝達関数についての等価変換の手法を用い，一つの制御要素にすることで制御ブロックをシンプルに表現できる。**4** は正しい。

ステップ応答とは，入力信号がある定常状態から他の定常状態へ変化したときの応答で，入力信号がステップ状に変化したときの応答をステップ応答という。**5** は正しい。

【正 解】 **2**

## 問 18

測定データの伝送と信号変換に関する次の記述の中から，誤っているものを一つ選べ。

**1**　測定データの伝送には，時間経過とともに連続的に変化する波形信号を伝送するアナログ伝送と，離散的に変化する波形信号を伝送するデジタル伝送がある。

**2**　アナログ信号からあらかじめ設定した時刻ごとの値を取り出す操作を量子化という。また，連続的な信号の大きさを幾つかの区間に区分し，各区間内を同一の値とみなすことを標本化という。

**3**　AD 変換において，デジタル信号を表現する際のビット数を増やすことによって，アナログ信号の波形を近似するときの近似精度が向上する。

**4**　アナログ信号に含まれる周波数成分のうち，最も高い周波数成分の 2 倍を超える周波数でサンプリングすれば，変換後のデジタル信号波形から元のアナログ信号の波形を厳密に再構成できる。

**5**　アナログ信号をデジタル信号に変換する際，10 ビットの AD 変換器で実現可能な分解能はフルスケールの $(1/2)^{10} = 1 / 1\,024$ となる。

---

**題意**　信号伝送の方式，AD 変換に関する基本的な知識を問うもの。

**解説**　測定データの伝送に用いる信号は，連続的な信号波形を伝送できるアナログ信号と，時間的にも信号的にも離散的情報を伝送するデジタル信号がある。よって，アナログ伝送とデジタル伝送の二つの伝送がある。**1** は正しい。

アナログ信号である連続的な量の大きさをいくつかの区間に区分し，各区間内を同一の値とみなすことを量子化といい，信号処理などにおいて，アナログ信号をデジタルデータの離散的な値に変換することを AD 変換という。標本化とは一定時間ごとにデータを採取することであり，サンプリングともいう。**2** は誤り。

アナログ信号を AD 変換においてデジタル信号に変換する際，AD 変換器のビット数の大きさによりアナログ信号の波形を近似するときの近似精度が決まる。ビット数が多いほど精度が向上する。**3** は正しい。

アナログ信号に含まれる周波数成分のうち，最も高い周波数成分の 2 倍を超える周波数でサンプリングすることで，変換後のデジタル信号波形から元のアナログ信号の波形が再現できる。このサンプリングの時間間隔をサンプリング周期という。**4** は正しい。

10 ビットの AD 変換器で実現可能な最大情報量は，10 桁の 2 進数で表す量であり 2 の 10 乗となる。つまり $2^{10} = 1\,024$ である。よって，分解能は $1/1\,024$ となる。**5** は正しい。

**正解**　**2**

## 問 19

2 進数と 16 進数に関する次の記述の空欄（ア）～（ウ）に入る語句の組合せとして正しいものを，下の中から一つ選べ。

ただし，16 進数では，10 進数の 10 から 15 の数値を A から F と表すこととする。

デジタルコンピュータ内では，電圧の高低など二つの物理的状態で表すことができる2進数を用いてすべてのデータを扱っている。この2進数1桁で表せる情報量の最小単位のことを（　ア　）という。2進数では数値を表記する際に多くの桁数が必要なので，人が扱う際には2進数を16進数に変換して表記することが多い。これは，16は2の（　イ　）なので，4桁の2進数を1桁の16進数で表すことができるからである。例えば，2進数1101を16進数で表記するとDとなり，2進数0100 1110を16進数で表記すると（　ウ　）となる。

| | （ア） | （イ） | （ウ） |
|---|---|---|---|
| **1** | ビット | 累乗 | 4E |
| **2** | バイト | 倍数 | 4E |
| **3** | ビット | 累乗 | 78 |
| **4** | バイト | 倍数 | 78 |
| **5** | ビット | 倍数 | 4E |

**【題意】** 2進数と16進法の関係について知識を問うもの。

**【解説】** 16進数とは，0から9までの10個の数字と，AからFまでの6個のアルファベットを使って数値を表現する方法である。16進数では，一つの桁において0, 1, 2, 3, 4, 5, 6, 7, 8, 9, A, B, C, D, E, Fと並ぶ16個の数値を扱うことができる。「A」が10進数における「10」に相当し，「F」は同じく10進数の「15」に相当する。

デジタルコンピュータ内では，電圧の高低，ON・OFFなど二つの物理状態で表すことができる2進数を用いてすべてのデータを処理している。2進数の1桁を1ビット（bit）といい，16進数の1桁は4ビットである。なお，1バイト（byte）は8ビットである。

以上を踏まえると，設問の空欄の記述は

「デジタルコンピュータ内では，電圧の高低など二つの物理状態で表すことができる2進数を用いてすべてのデータを扱っている。この2進数1桁で表せる情報量の最小単位のことを(ア)ビットという。2進数では数値を表記する際に多くの桁数が必要なので，人が扱う際には2進数を16進数に変換して表記することが多い。これは，16

は2の(イ)累乗なので，4桁の2進数を1桁の16進数で表すことができるからである。例えば，2進数1101を16進数で表記するとDとなり，2進数0100 1110を16進数で表記すると(ウ)4Eとなる。」が語句として入る。

正しい語句の組合せは**1**である。

【正 解】 **1**

**問 20**

「JIS Z 8115 ディペンダビリティ（総合信頼性）用語」において，保全は下**図**のように分類されている。「時間計画保全」の説明として正しいものを，下の中から一つ選べ。

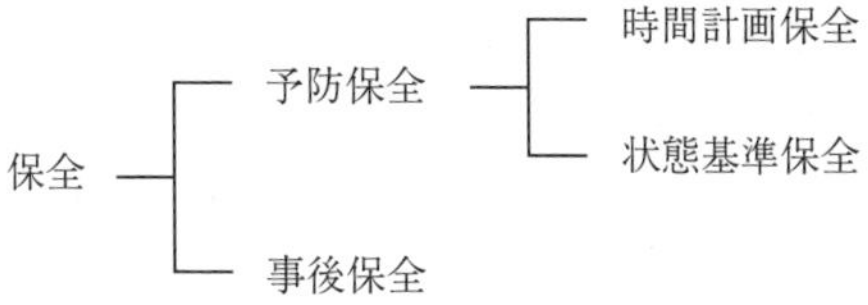


図　保全の管理上の分類

**1**　物理的状態の評価に基づく保全のことである。物理的状態の判断は，スケジュールに従って行われるオペレータによる観察や状態監視によって行われることがある。

**2**　人間の介在なしに実行される保全のことである。アイテムに対して，人が直接接近することなく実施される。

**3**　フォールトの検出後に直ちに実行しないで，規定の保全規則に従って，その必要性を明確化した後に時期を繰り延べて実行する保全のことである。

**4**　定期保守とも呼ばれ，規定した時間計画に従って実行される保全のことである。

**5**　コンピュータプログラム等を更新するなど，保全性または他の属性を向上させるために行われるソフトウェア保全のことである。

**【題意】** JIS Z 8115「ディペンダビリティ（総合信頼性）用語」で規定する「時間計画保全」の知識を問うもの。

**【解説】** 上記のJISで「保全」は，「アイテムが要求通りに実行可能な状態に維持され，又は修復されることを意図した，全ての技術的活動及び管理活動の組合せ。」と定義されている。保全は管理上の分類として以下のように分けられる。

物理的状態の評価に基づく保全は状態基準保全である。**1**は誤り。

人間の介在なしに実行される保全は自動保全である。**2**は誤り。

フォールトの検出後ただちに開始しないで，規定の保全規則に従って，その必要性を明確化した後に時期を繰り延べて実行する保全は繰り延べ保全という。**3**は誤り。

時間計画保全とは，規定した時間計画に従って実行される保全であり，定期保全とも呼ばれる。**4**は正しい。

コンピュータプログラム等の更新，保全性または他の属性を向上させるために行われるソフトウェア保全は，完全化保全である。**5**は誤り。

**【正解】** **4**

## 問 21

品質管理ではQC七つ道具と呼ばれる様々な手法が用いられる。このような手法の特徴について説明した次の記述の中から，誤っているものを一つ選べ。

**1**　ヒストグラムとは，データを特性値の大きさに応じて組分けし，組分けされた各組に属するデータの個数について示した近接する長方形からなる図である。

**2**　パレート図とは，特性の項目ごとの出現頻度を表す棒グラフを出現頻度の大きい順に並べるとともに，その累積比率を表す折れ線グラフを示した図である。

**3**　特性要因図とは，横軸に要因，縦軸に対象とする事象の特性値をプロットした図である。

**4**　散布図とは，二つの特性値が組になった複数のデータについて，一つの特性値を縦軸に，もう一つの特性値を横軸に取り，各組のデータを打点した図である。

**5**　チェックシートとは，調査などでデータを収集する際に，データの特徴をマークなどで簡単にチェックできるようにした表または図である。

---

**題 意**　品質管理で用いられる QC 七つ道具についての知識を問うもの。

**解 説**　ヒストグラムとは，対象の母集団の平均，ばらつきの状態を調べるときに用いられる手法である。作成方法は，データの存在する範囲をいくつかの区間に分け，その区間に属するデータの発生個数をグラフ化したもので，データの分布状態の形，全体の中心，ばらつきの様子を視覚的に分析できる。事例を**図 1** に示す。**1** は正しい。

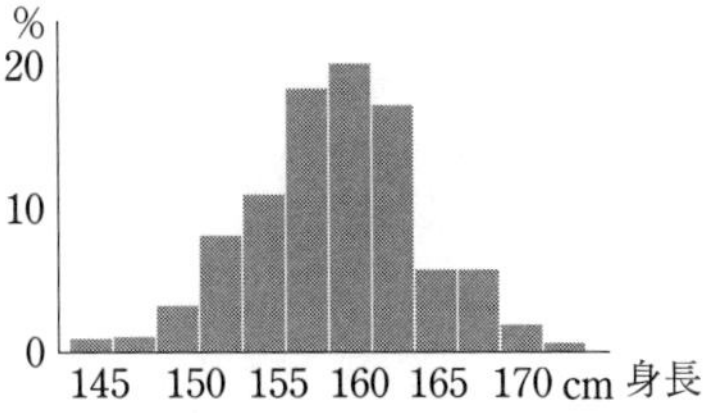


**図 1**　ヒストグラムの例

パレート図とは，問題解決に取り組もうとするとき，問題の原因となっている項目の状況を明確にし，多い項目を浮き彫りにする手法である。不適合発生のどの項目が多いかを調べ，多い項目から対策に着手することで効果的な改善が期待できる。事例を**図 2** に示す。**2** は正しい。

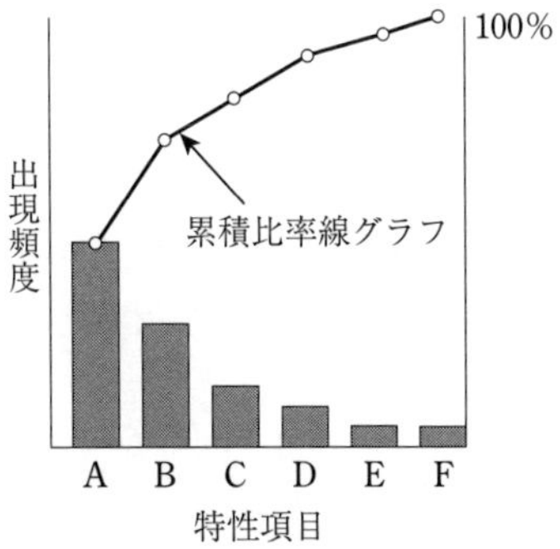


**図 2**　パレート図の例

特性要因図とは，ある問題の改善，解決を図ろうとするとき，広い視野から状況を検討するための手法で，**図 3** のように目的とする結果特性と，その結果をもたらす要因（原因・手段）に分かれ，魚の骨のような形をしている。**3** は誤り。

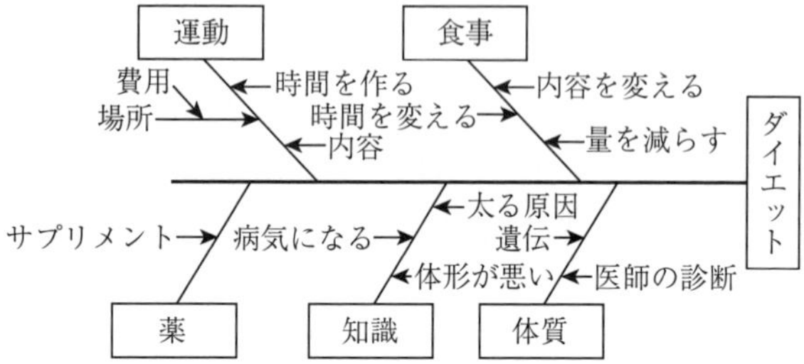


**図 3**　特性要因図の例

散布図は，二つの特性値，$x$，$y$ の座標を作り，二つの特性値間の関係を調べるためのプロット図である。事例を**図 4** に示す。**4** は正しい。

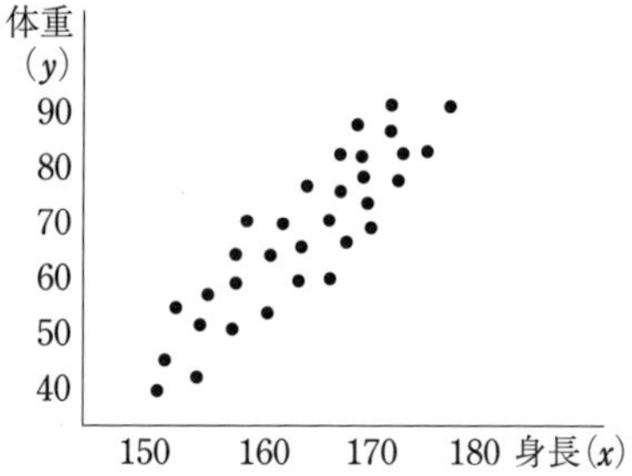


**図 4**　散布図の例

チェックシートとは，調査，審査などでデータを収集する際に，データの特徴をマーク，コメントなどで簡単にチェックできるようにした表または図であって，記録用チェックシートと点検用チェックシートがある。事例を**表 1**，**表 2** に示す。**5** は正しい。

**表 1**　記録用チェックシート例

| ISO/IEC 17025 の要求事項 | | | Y/N | MEMO |
|---|---|---|---|---|
| 6. 資源に関する要求事項 | 6.1 一般 | ラボラトリは，ラボラトリ活動の管理… | Y | 品質マニュアル QM001 6 に記載 |
| 6. 資源に関する要求事項 | 6.2 要員 | 6.2.1 ラボラトリ活動に影響を与え得る，ラボラトリの内部または外部のすべての要員は，… | Y | 同上 6.21 に記載 |
| | | 6.2.2 ラボラトリは，学歴，資格，教育・訓練，技術的知識，技能および経験に関する要求事項を含め，ラボラトリ活動の結果… | Y | 同上 6.2.2 に記載 |
| | | 6.2.3… | N | 該当文書なし |

**表 2**　点検用チェックシート例

| 区分 | 点検箇所 | No | 点検内容 | チェック | 備考 |
|---|---|---|---|---|---|
| 成形機 | 計　器 | 1 | 電流計の状態 | ☑ | |
| | | 2 | 電流のアンペアの大きさ | ☑ | |
| | | 3 | 電圧のボルトの大きさ | ☑ | |
| | | 4 | 接点の接触状態 | □ | |

**正 解**　**3**

## 問 22

製品の開発・生産プロセスで実施される検査に関する次の記述の中から，誤っているものを一つ選べ。

**1**　検査とは，製造工程で実施される出荷検査だけでなく，試作品の検査や仕入れた部品の検査など，開発・調達段階でも計画・実施されるもので，品質保証活動の一部を担っている。

**2**　仕入先から材料や部品等を受け入れるときに実施する検査のことを受入検査という。

**3**　ロット保証における抜取検査では，ロットの合否を決める判定基準を緩和するにつれ，不適合品が市場へ流出する確率が高くなる。これを消費者危険という。

**4**　ロット保証における抜取検査では，ロットの合否を決める判定基準を厳しくするにつれ，適合品が不適合品と判定され，廃棄または手直し工程に回される確率が高くなる。これを生産者危険という。

**5**　全数検査では，製造したすべての製品について，製品仕様に明記されたすべての特性を検査する。

---

【題 意】 検査の考え方と検査の方式・種類について問うもの。

【解 説】 検査が実施されている生産プロセスでは各段階において，以下のような検査が実施される。

① 受入検査

② 工程間検査

③ 完成品検査

④ 出荷検査

上記のほかに，試作品の検査や仕入れた部品の検査など，開発・調達段階でも実施される検査があり，品質保証活動の一部を担っている。**1** は正しい。

受入検査は，仕入れ先から受け入れられる材料，部品等について検査することである。**2** は正しい。

抜取検査における消費者危険とは，不合格とすべきロットを合格としてしまう確率をいい，本来，品質に問題があり不合格であるロットが合格になってしまい，消費者に損失が生じることである。合否を決める判定基準を緩和すれば，不適合品が市場に流出する確率が大きくなる。**3** は正しい。

生産者危険とは，抜取検査において合格とすべきロットを不合格としてしまう確率をいい，判定基準を厳しくするにつれ，適合品が不適合品と判定され，廃棄または手直し工程に回される確率が高くなる。**4** は正しい。

全数検査では，製造したすべての製品を検査することであるが，検査を行うのは，その製品仕様に明記されたすべての特性を検査するのではなく，仕様のうち重要項目，あるいはその製品の品質を決定付けされるような項目について検査することになる。**5** は誤り。

【正 解】 **5**

**問 23**

工程管理に関する次の記述の中から，誤っているものを一つ選べ。

**1**　管理図は，管理限界とともに，連続したサンプルから計算された統計量の値を時間順などで打点した図であり，工程の維持管理を目的として用いられる。

**2**　$\overline{x}-R$ 管理図において，検査結果の打点が管理限界から外れた場合，すみやかに製品の設計見直しを行う。

**3**　工程における製品の検査とは，製品の測定や試験を行い，検査目的によって定めた判定基準に基づき個々の製品または製品群の合格，不合格の判定を行うことである。

**4**　工程において，製品検査に使用する測定機器の適正な点検・校正，また保守・保全ができていない場合，製品の検査結果に影響する。

**5**　工程において，規格幅に対する相対的なばらつきの大きさが小さい製品を生産できる能力を示す指標として工程能力指数がある。

**題 意**　工程管理に関連する管理手法について知識を問うもの。

**解 説**　管理図とは，工程の状態が正常に維持しているかを監視するための方法であり，連続した特性値のサンプルから計算された平均，ばらつきなどの統計量を時間順に打点した図である。**1** は正しい。

管理図において，検査結果の打点が管理限界から外れた場合は，工程に何らかの異常が生じたと考えられるので，調査をすることが望ましい。管理限界を外れることと製品の設計とは関係ない。**2** は誤り。

工程における製品検査は，つぎの工程に移すときに行う検査であり，決められた製品の特性の測定・試験を行い，検査目的によって定めた判定基準に基づき合格・不合格の判別により，不良品を次工程に流さないようにするものである。**3** は正しい。

工程管理のために行う製品の検査・試験に使用する測定機器は，検査目的に必要な正確さを確保するため，適正な点検・校正または保守・保全をしておく必要がある。**4** は正しい。

工程能力指数 $C_p$ とは，製造工程がもつ工程能力を定量的に評価するための指標の一つで，工程で生産される製品のばらつきが，規格幅に対してどれだけ余裕があるかを示す指標である。その指標の計算式を以下に示す。

$$C_p = \frac{USL - LSL}{6 \times \widehat{\sigma}}$$

ここに

$USL$：上側規格値

$LSL$：下側規格値

$\widehat{\sigma}$　：生産される製品のばらつき（標準偏差）

である。**5** は正しい。

【正 解】 **2**

## 【問】 24

一定の時間間隔ごとに製品を測定しながら生産する製造工程がある。現状では製品特性の測定を 1 日に定められた回数行い，工程を管理している。次に示す工程管理における改善活動の中から，誤っているものを一つ選べ。

**1**　工程を調べた結果，製造工程の温度変化が製品特性に影響を与えることがわかったので，製造工程の温度変化を低減させた。

**2**　工程での製品特性値の変動が大きいので，1 日に製品特性を測定する回数を増やし，その結果に基づいて工程をフィードバック制御するようにした。

**3**　工程能力指数($C_p = \Delta/6s$)を計算し，指数の値が大きくなるように $\Delta$ を大きくした。ここで，$\Delta$ は製品特性の規格幅，$s$ は製品特性のばらつきの標準偏差を表す。

**4**　現行の管理幅より狭い管理幅に変更し，その管理幅より特性値が外れないように工程にフィードバック制御する工程管理方法を実施した。

**5**　製品仕様に比べて，工程で使用する測定器の値の読みとり桁数が不足気味だったので，読みとり桁数の多い測定器を導入した。

【題 意】 フィードバック制御による製造工程の計測管理に関する知識を問うもの。

**〔解 説〕** 製造工程において，製品の特性を一定の間隔で測定し，工程の状態をチェックしながら管理する方式はフィードバック制御によるオンライン計測管理と呼ばれる方法である。

製造工程の温度変化が製品特性に影響を与えることが分かっているのであれば，製造工程の温度変化を低減させる方策を行うことは，製品の温度変化によるばらつきを抑えることとなり適正な処置である。**1** は正しい。

工程での製品特性値の変動が大きい場合は，チェック間隔を短くし，その結果を基にフィードバックして工程の調整を行うことで変動を抑えることが可能である。**2** は正しい。

工程能力指数 $C_p$ は，製品特性の規格幅 $\Delta$ 対し，工程のばらつき $s$（標準偏差）の6倍で割った指数の値である。この $C_p$ が大きいほど工程能力があるといえるが，大きくするために製品規格幅 $\Delta$ を大きくするのは間違いである。工程のばらつき $s$ を抑えるための管理を考える必要がある。**3** は誤り。

フィードバック制御による計測管理では，製品特性値が管理幅に入るようにチェックと調整を行いながら製造する管理方法である。現行より管理幅を狭くすることは，製品のばらつきを現行より抑えるという改善の目的がある場合に行われる。**4** は正しい。

工程で使用する測定器の性能は，少なくともその製品の仕様に対応できる精密さのある測定器が必要となってくる。**5** は正しい。

**〔正 解〕** **3**

## 問 25

計測管理における社内標準化に関する次の記述の中から，誤っているものを一つ選べ。

**1** 社内標準化を進めるにあたっては，目標を明確にすることが重要である。

**2** 社内標準化の目標の一つに，コスト低減がある。

**3** 社内標準化を進めても，製品品質が向上するとは限らない。

**4** 社内標準は品質に重大な影響を及ぼすため，一旦制定したら変更してはならない。

**5** 検査における誤りを防ぐために記録様式を統一することも，社内標準化の重要な活動の一つである。

---

【題意】 社内標準化を行う目的および標準化による効果に関する知識を問うもの。

【解説】 社内標準化を行う目的には，情報の伝達の正確さ，技術と業務の蓄積・向上と伝承，管理基準の明確化，互換性の確保，品質の安定，単純化の促進，業務の能率化など様々あるが，目標を明確に定めることで社内全体の方向性を一つにまとめることができて，より効果が期待できる。**1** は正しい。

社内標準化によりコスト低減を目標とした例として，使用する部品やプロセスを統一することで全体の合理化が促進され，製品製造のコスト低減が図れることが考えられる。**2** は正しい。

社内標準化を進めた結果として，製品品質は安定化することが期待できるが，品質が向上するとは限らない。**3** は正しい。

社内標準化を行った後も定期的に社内標準の内容の見直しを行い，現状の状況や新しい情報を取り入れて改訂・変更を行っていくことが重要である。**4** は誤り。

社内標準化の一つとして，検査手順，検査や試験で使用する記録様式や観測様式を統一することで，検査者の違いにより検査結果のばらつきの抑制や誤りを防ぐことが期待できる。**5** は正しい。

【正解】 **4**

一般計量士・環境計量士　国家試験問題 解答と解説
**3. 法規・管理**（計量関係法規／計量管理概論）（第71回～第73回）



2023年11月22日　初版第1刷発行

検印省略

編　　者　一般社団法人
日本計量振興協会
東京都新宿区納戸町25-1
電話 (03)3268-4920
発 行 者　株式会社　コロナ社
代 表 者　牛来真也
印 刷 所　萩原印刷株式会社
製 本 所　有限会社　愛千製本所

112-0011　東京都文京区千石4-46-10
**発行所**　株式会社　**コロナ社**
CORONA PUBLISHING CO., LTD.
Tokyo Japan
振替 00140-8-14844・電話(03)3941-3131(代)
ホームページ https://www.coronasha.co.jp

ISBN 978-4-339-03244-4　C3353　Printed in Japan　（柏原）N